地区电网电力调控业务作业规程培训教材

国网浙江省电力有限公司 组编

中国电力出版社
CHINA ELECTRIC POWER PRESS

内 容 提 要

为进一步提升浙江省地区电网调控业务能力，深化电网调度安全培训管理，实行省内地调调控专业同质化管理，浙江电力调度控制中心组织、金华供电公司牵头编写了《地区电网电力调控业务作业规程培训教材》。全书共 16 章，主要内容包括概述、调控岗位职责、调度管辖及监控范围、交接班、值班日志、设备运行监视、调控运行操作、电网限额管理、无功电压控制、电网事故异常处置、调度系统事故处置预案、新设备投运及退役管理、地方电厂大用户管理、反事故演练、信息报送、调度技术支持系统应用。

本书可供省地县三级调控专业人员阅读使用。

图书在版编目（CIP）数据

地区电网电力调控业务作业规程培训教材/国网浙江省电力有限公司组编. —北京：中国电力出版社，2021.6

ISBN 978-7-5198-5764-6

Ⅰ. ①地… Ⅱ. ①国… Ⅲ. ①地区电网－电力系统调度－技术培训－教材 Ⅳ. ①TM727.2

中国版本图书馆 CIP 数据核字（2021）第 130431 号

出版发行：中国电力出版社
地　　址：北京市东城区北京站西街 19 号（邮政编码 100005）
网　　址：http://www.cepp.sgcc.com.cn
责任编辑：穆智勇（010-63412336） 王蔓莉
责任校对：黄　蓓　常燕昆
装帧设计：张俊霞
责任印制：石　雷

印　　刷：三河市百盛印装有限公司
版　　次：2021 年 6 月第一版
印　　次：2021 年 6 月北京第一次印刷
开　　本：787 毫米×1092 毫米　16 开本
印　　张：10.25
字　　数：180 千字
印　　数：0001—1500 册
定　　价：42.00 元

编　委　会

编　写　组

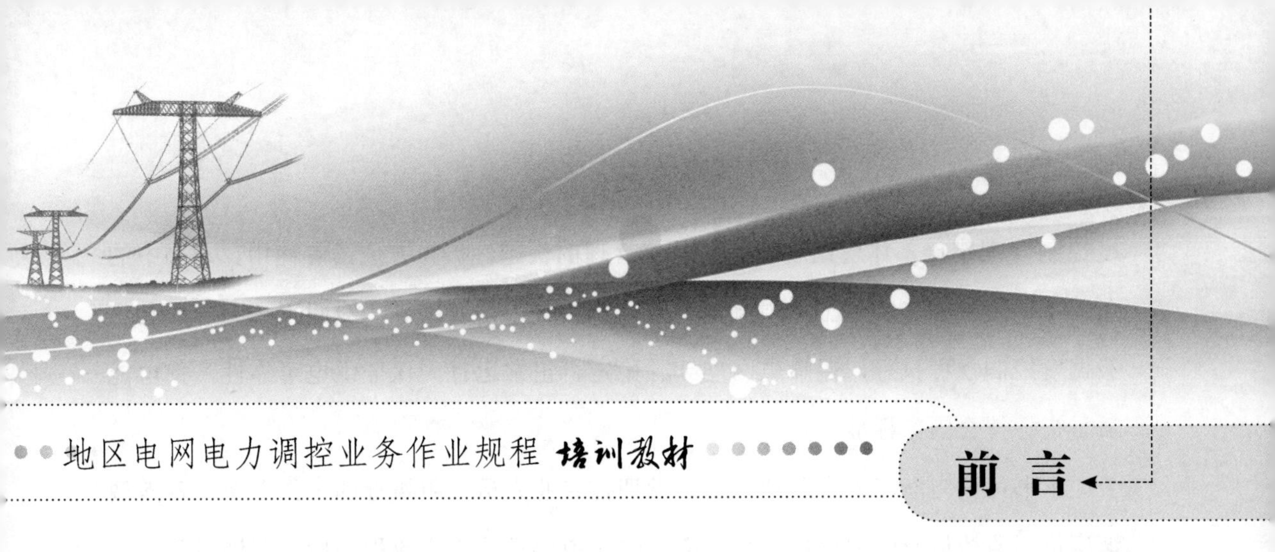

前 言

为最大限度地满足用户的用电需要，国家电网公司重点关注电网的调度控制运行状况，按最大范围优化配置资源的原则，实现优化调度，充分发挥电力系统的发、输、变、配电设备能力。2016～2017 年国网浙江省电力有限公司对省地县三级调度控制规程进行了修编，2018 年初行文颁布。根据省公司调控中心的统一安排，将对省地县三级调控机构和运维值班人员进行必要的调规宣贯，以提高省地县三级调度控制水平，保证电网的安全稳定运行。为进一步提升浙江省地区电网调控业务能力，深化电网调度安全培训管理，全面推进浙江电网网络化发令成果应用，以电网调控运行本质安全和规范管理为核心，实行省内地调调控专业同质化管理，国网浙江省电力有限公司电力调度控制中心组织、金华供电公司牵头编写了《地区电网电力调控业务作业规程培训教材》，统一规范地调调控人员交接班、调控运行操作、故障处置等核心业务。

本书按照《电网运行准则》（GB/T 31464—2015）、《浙江省电力系统地区调度控制管理规程》《国家电网公司故障停运线路远方试送管理规范》（调调〔2014〕29 号）、《国家电网公司调度系统重大事件汇报规定》（国家电网企管〔2016〕649 号）、《关于进一步落实无人值守模式下电网故障处置相关要求的通知》（浙电调字〔2016〕93 号）等标准、规程和规定，将调度控制管理规程分为调度控制管理、调度计划管理（备投运和退役调度管理）、运行方式管理（功率控制）、电压调整和无功控制、调控运行操作规定及电网故障处置、安全管理及应急机制、并网电厂（大用户）调度管理、调度自动化管理、设备监控管理和水电及清洁能源调度管理等类别；根据各专业的特点，详细分析省地县三级调度控制管理规程各章节的编制依据及意义，分析违反专业管理可能引起的严重后果；通过实际案例，提出切实可行的调度控制管理措施，体现调度控制精益化管理的优越性。为方便读者使用，本书中的名词及调度术语与实际工作中保持一致。本书可以切实指导一线职工按照省地县三级调度控制规程执行，保障电网连续、稳定、正常运行，保证供电可靠性，使电能质量指标符合国家标准。

本书可作为浙江省内各地（配）调调控专业人员参照执行的工作手册，各地调调度员、监控员及配调调控人员均应按照书中要求的工作流程和标准开展日常调控业务。

编　者

2021 年 6 月

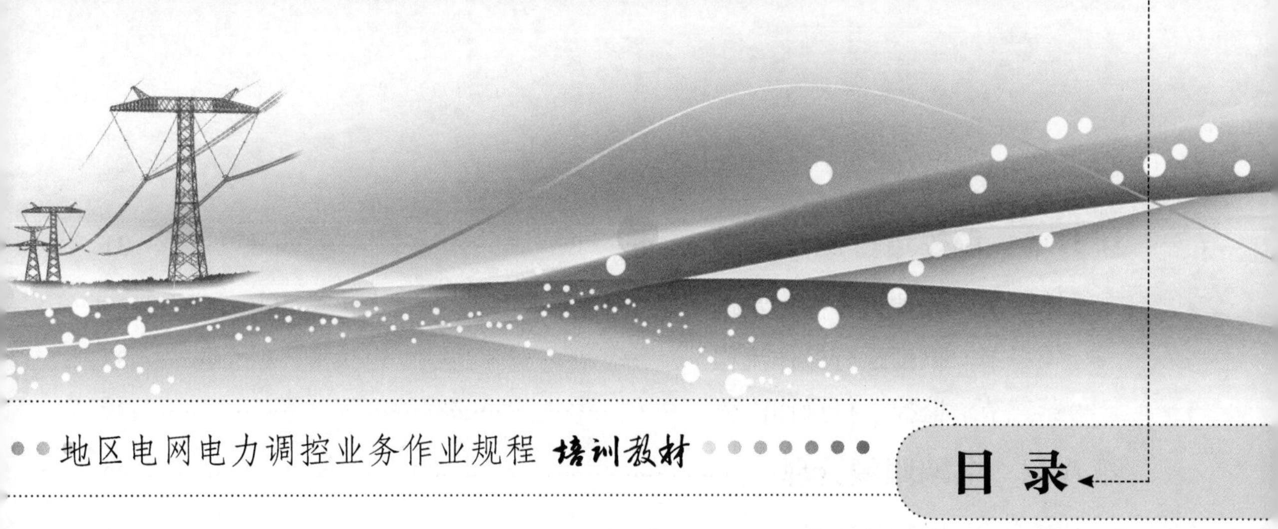

目 录

第一章 概　　述

电网调度控制实行“五统一”管理，即统一调控术语、统一操作指令、统一运行报表、统一核心业务、统一评价指标。实现浙江电网地调调控运行专业省内“五统一”管理，不仅可满足深化“大运行”体系运作的要求，也有利于形成统一规范、集中高效的省地一体化调控管理体系，提升地区电网的调控管控能力。

本书遵循调控“五统一”管理要求进行编制，第一章介绍教材主要提纲；第二章介绍调控岗位职责、调控岗位工作要求及内容；第三章介绍调度、监控管辖范围及划分原则；第四章介绍调控交接班管理规定及交接班内容；第五章介绍调度、监控值班日志管理规定、填写规范等内容；第六章设备运行监视，主要介绍信息监视与处置原则、集中监控上报缺陷流程管理及监控信息分析等内容；第七章主要介绍调控倒闸操作管理相关规定及调度、监控专业倒闸操作流程；第八章详细讲解电网限额管理规定，电网限额监视、电网超限控制等内容；第九章主要介绍无功电压控制管理相关规定，无功电压调整措施，电压异常处理，AVC 系统异常处理等内容；第十章电网事故异常处置，结合处置案例，主要包括事故等级与分类、电网事故处置原则、典型电网故障的调度处置案例分析、典型电网异常的调度处置案例分析等内容；第十一章主要介绍调度系统事故处置预案编制原则、年度典型预案、特殊运行方式预案、应对自然灾害及重大保电专项预案等内容；第十二章新设备投运及退运管理，主要内容有信息联调、新设备启动投产要求、集中监控移交和设备调度退役管理；第十三章地方电厂大用户管理，主要介绍并网运行管理规定、清洁能源管理、电厂报表管理等内容；第十四章主要介绍调度反事故演练，包括反事故演练规定、专项反事故演练、联合反事故演练、主备调切换演练；第十五章主要介绍调控专业信息报送，包括重大事件汇报、调度报表、监控报表、应急短信等内容；第十六章主要介绍调度技术支持系统，包括调度智能操作票系统应用和调控员培训仿真系统应用。

第二章　岗　位　职　责

第一节　调控岗位职责

一、调度控制专业主要职责

（1）接受省调调度控制业务相关的专业管理和技术监督，接受省调授权或委托的与电力调度相关的工作。

（2）负责所辖电网的安全、优质、经济运行，使电能质量指标符合国家规定的标准。

（3）贯彻执行上级调控机构颁发的标准、规程和制度，负责制定并执行落实相关规程及制度的实施细则。参与所辖电力系统事故调查，组织开展调度管辖范围内的故障分析。

（4）负责所辖电网的电力调度、设备监控等专业管理，负责管辖范围内并网电厂（含新能源）及大用户的调度管理，负责调度管辖范围内水电站的水库发电调度。

（5）负责指挥所辖电力系统的运行、操作和故障处置，负责监控范围内设备的集中监视、信息处置和远方操作。

（6）负责监控信息管理和变电站集中监控许可管理，并组织开展监控相关业务的统计、分析等工作。

（7）负责本地区城区（市本级）配网调控运行和抢修指挥业务，负责地区配网运行和配网抢修指挥业务的专业管理，组织开展监督考核和统计分析工作。

（8）地区调度、监控及配网调控各岗位的职责分工见表 2-1。

表 2-1　　地区调度、监控及配网调控岗位职责分工

岗位	职　责　分　工
地区调度值长	（1）负责值班期间调度管辖范围内电网调度生产、异常及故障处置指挥、协调工作，对本值工作负安全监督管理职责，是本值安全第一责任人。

续表

岗位	职责分工
地区调度值长	（2）协调当值合理控制和调节系统运行状态。 （3）执行日调度检修计划，审核调度操作任务票，监护和执行所辖设备的调控运行操作。 （4）指挥所辖设备的异常和故障处置，审核事故分析报告。 （5）接受上级调度的调度指令；向管辖范围内运行人员发布调度、监控运行及故障处置命令。 （6）督促检查并做好特殊方式下的危险点预控，审查事故预想、故障处置预案以及各种电力保障预案。 （7）对本值内的正值、副值、实习调度员工作进行监护、指导、培训。 （8）完成上级布置的其他任务
地区调度正值	（1）值班期间在调度值长监护下负责管辖范围内电网调度生产、异常及故障处置指挥、协调工作。 （2）在值长的监护下控制和调节系统运行状态。 （3）执行日调度检修计划，审核操作任务票，监护和执行所辖设备的调控运行操作。 （4）指挥所辖设备的异常和故障处置。 （5）制定特殊方式下的危险点预控，审核事故预想、故障处置预案以及各种电力保障预案。 （6）对本值内的副值、实习调度员工作进行监护、指导、培训。 （7）接受上级调度的调度指令，向管辖范围内运行人员发布调度、监控运行及故障处置命令。 （8）完成上级交待的其他任务
地区调度副值	（1）值班期间完成管辖范围内电网调度生产、异常及故障处置指挥、协调工作。 （2）在值长的监护下控制和调节系统运行状态。 （3）执行日调度检修计划，审核操作任务票，监护和执行所辖设备的调控运行操作。 （4）协助指挥所辖设备的异常和故障处置。 （5）制定特殊方式下的危险点预控，审核事故预想、故障处置预案以及各种电力保障预案。 （6）接受上级调度的调度指令，向管辖范围内运行人员发布调度、监控运行、设备检查及故障处置命令。 （7）完成上级交待的其他任务
地区监控值长	（1）值班期间负责所辖电网范围内设备运行状况的监视、异常及故障处置指挥、协调工作，对当值工作负安全监督管理职责。 （2）督促完成本岗位所辖设备技术标准、管理标准、检修规程、运行规程、图纸和各项技术资料的整理工作，并保持版本齐全有效。 （3）负责接受各级调度的操作指令，组织安排填写监控操作票并负责审核。组织安排监控操作，并核对遥信遥测正确，汇报调度。 （4）负责调控管辖范围内系统的电压和无功在合格范围之内。 （5）在异常、事故状况下，收集、整理相关异常、事故信息，汇报调度，在调度指令下指挥本值人员进行故障处置。汇总处理总结、事故分析、异常情况的书面报告，指导完成书面的事故跳闸报告。 （6）对当值监控员进行监护、指导、培训，督促监控设备缺陷的处理。 （7）根据班组安排，负责当值监控主站系统的验收工作。 （8）监督审查、落实当值电网重大操作、重大保供电工作中监控专业的危险点分析及预控。 （9）完成上级交办的其他任务
地区监控正值	（1）收集并汇总本岗位所辖设备技术标准、管理标准、检修规程、运行规程、图纸和各项技术资料，并保持版本齐全有效。 （2）负责管辖范围内电网设备运行信号的监视、分析、汇总，对本值电网监控工作安全监督。 （3）在值长指挥下控制调节管辖范围内的系统电压和无功在合格范围之内。 （4）在异常、事故状况下，收集、整理相关异常、事故信息，及时汇报值长或相关调度，

续表

岗位	职 责 分 工
地区监控正值	按照调度指令进行故障处置的遥控操作。总结、分析事故、异常情况，完成书面的事故跳闸报告。 （5）协助值长接受各级调度的调控运行操作指令，负责监护本值监控操作职责范围内的遥控、遥调操作，并将结果汇报当值值长。 （6）对本值的副值监控员、实习监控员进行监护、指导、培训，督促监控设备缺陷的处理。 （7）根据班组安排，履行本值监控主站系统的验收工作。 （8）审查、落实本值内电网重大操作、重大保供电工作中监控专业的危险点分析及预控。 （9）完成上级交办的其他任务
地区监控副值	（1）掌握本岗位所辖设备技术标准、管理标准、检修规程、运行规程、图纸和各项技术资料，协助正值定期更新完善版本。 （2）负责所辖范围电网设备运行信号的监视、分析、汇总，履行本值电网监控安全职责。 （3）协助正值保证所辖范围系统电压、无功的合格率。 （4）在异常、事故状况下，收集、整理相关异常、事故信息，汇报值长或正值监控员，并告知变电运维站。在值长或正值监护下进行故障处置的遥控、遥调操作。总结、分析事故、异常情况，协助值长或正值完成书面的事故跳闸报告。 （5）在值长或正值监护下负责本值监控操作职责范围内的遥控操作。 （6）按时完成副值监控员常规培训任务，督促监控运行设备缺陷的处理。 （7）根据班组安排，协助验收负责人完成本值监控主站系统的验收工作。 （8）履行本值内电网重大操作、重大保供电工作中监控专业的危险点分析及预控。 （9）完成上级交办的其他任务
配网调控值长	（1）调控值长是本值调度、监控的负责人，负责本值内城区配电网的安全、优质、经济运行工作，严格执行各级电力系统调度规程及上级颁发的各项规章制度，领导本值调控员完成调控运行的各项任务。 （2）负责随时掌握管辖范围内的系统潮流及电压变化，并监督调控员及时投切电容器和调整主变压器分接头，确保配网系统电能指标合格。 （3）领导全值做好与上下级调度、职能部门、电厂等相关单位的业务联系。 （4）做好值内业务分工，按规定组织好交接班工作，对当值期间工作的要点、危险点提前进行梳理布置。组织值内人员正确填写操作票、运行记录、报表等各项资料并审查。 （5）领导全值审查调度操作票、事故预想、检修、投产技改方案等工作的正确性，批复权限范围内的申请批复。 （6）指挥所辖配网设备的异常和故障处置，审核事故分析报告。 （7）组织本值内人员开展安全活动和反事故演习，学习有关安全生产规章制度，做好技术问答和事故预想，及时制止他人违章。 （8）定期或不定期地深入现场了解熟悉运行设备，完成培训学习任务。 （9）自觉遵守值班劳动纪律，对本值调度员、监控员违章负连带责任。 （10）完成上级布置的其他任务
配网调控正值	（1）在调控值长监护下负责管辖范围内电网调度生产、异常及故障处置指挥、协调工作。 （2）负责管辖范围内电网设备运行信号的监视、分析、汇总，对本值电网监控工作安全监督。 （3）在值长指挥下控制调节管辖范围内的系统电压和无功在合格范围之内。 （4）执行日调度检修计划，审核操作任务票，监护和执行所辖设备的调控运行操作。 （5）协助值长接受各级调度的调控运行操作指令，负责监护本值监控操作职责范围内的遥控、遥调操作。 （6）在值长指挥下负责所辖设备的异常和故障处置，包括收集、整理相关异常、事故信息，总结、分析事故、异常情况，完成书面的事故跳闸报告。 （7）制定特殊方式下的危险点预控，审核事故预想、故障处置预案以及各种电力保障预案。 （8）对本值内的副值、实习调控员工作进行监护、指导、培训。 （9）接受上级调度的调度指令，向管辖范围内运行人员发布调度、监控运行及故障处置命令。 （10）完成上级交待的其他任务

续表

岗位	职责分工
配网调控副值	（1）值班期间完成管辖范围内电网调度生产、异常及故障处置指挥、协调工作。 （2）负责所辖范围电网设备运行信号的监视、分析、汇总，履行本值电网监控安全职责。 （3）协助正值保证所辖范围系统电压、无功的合格率。 （4）执行日调度检修计划，审核操作任务票，监护和执行所辖设备的调控运行操作。 （5）在值长或正值监护下负责本值监控操作职责范围内的遥控操作。 （6）协助指挥所辖设备的异常和故障处置，包括收集、整理相关异常、事故信息，汇报值长或正值监控员，并告知变电运维站。协助值长或正值完成书面的事故跳闸报告。 （7）制定特殊方式下的危险点预控，审核事故预想、故障处置预案以及各种电力保障预案。 （8）接受上级调度的调度指令，向管辖范围内运行人员发布调度、监控运行、设备检查及故障处置命令。 （9）根据班组安排，协助验收负责人完成本值监控主站系统的验收工作。 （10）完成上级交待的其他任务

二、机构组成

地区调控运行专业下设地区调度班、地区监控班和配网调控班，均采用值长负责制，值内人员各司其职，分工协作，共同完成当值电网调度、运行、监控业务。地区调度（监控）班每一值均设置调度（监控）值长、调度（监控）正值、调度（监控）副值，配网调控班设置调控值长、调控正值、调控副值。

对于调控融合的地调，调控值长（正值、副值）兼顾调度值长（正值、副值）和监控值长（正值、副值）的职责。

第二节　工作要求及内容

一、地区调控基本工作要求

（1）地调采用五值三运转的值班模式，调度班、监控班应在同一调控大厅值班，每值人员不得少于标准规定。

（2）值班人员应按批准的排班表值班，不得擅自变更值班方式和交接班时间；如需换、替班应经班组负责人批准。

（3）值班人员必须坚守工作岗位，不得无故离岗，如有特殊情况，必须经班组负责人同意，并安排人员代班，履行交接手续后方可离开岗位。

（4）值班人员严禁在接班前或值班期间饮酒，值班期间应保持良好的精神状态。

（5）值班人员应遵守劳动纪律，不得进行与工作无关的活动。

（6）值班人员应严格执行相关调控大厅出入制度、消防管理制度及其他行为规范。

（7）值班人员在进行调度业务联系时，各级调度、监控、运行人员应使用普通话、浙江省地区电网调度术语和浙江省地区电网操作术语，互报单位、姓名，严格执行发令、复诵、录音、监护、记录和汇报制度。

（8）值班人员应按规定统一着装，佩戴上岗标志，按指定席位值班。

（9）地调调控人员应遵守保密制度，不得向无关人员泄露生产数据和系统情况。

（10）地调调控人员应按规定的时间参加政治、业务学习和安全活动。

（11）地调调控人员必须经有关规定进行培训、学习，经考试合格并经批准后，方可上岗，并按岗位职责权限行使岗位职能。

二、日常工作内容

（一）地区调度员主要工作内容

（1）审查电网设备检修停役申请，根据停役申请拟写并执行调度操作票。

（2）审查调度管辖范围内的新设备启动方案，根据启动方案拟写并执行新设备启动调度操作指令票。

（3）配合上、下级调度进行电网操作、新设备启动工作等。

（4）根据电网检修方式、新设备启动形成的各种电网薄弱运行方式以及电网运行风险预警通知单，编制及审核相应调度处置预案，提前做好风险预控措施。

（5）合理控制电网潮流，做好电压无功补偿装置投切和有载分接头调整工作。

（6）准确迅速处理管辖范围内的设备危急缺陷和电网故障，并完成相应故障处置分析报告。

（7）记录调度运行日志，保证各项内容的正确性。

（8）按照要求完成交接班工作。

（9）主持或参与反事故演习，参演人员完成反事故演习报告。

（10）做好地区电厂及大用户的调度管理工作。

（11）编制及审核各类调控运行报表。

（12）执行重大事件汇报制度。

（13）参加安全学习、安全培训和班组安全活动。

（14）负责文件资料的管理和交接。

（二）地区监控员主要工作内容

（1）负责所辖电网设备运行信号的监视、分析、汇总。

（2）负责所辖变电站内电压无功补偿装置的投切和有载分接头调整工作。

（3）根据要求设置和解除自动化系统各类标识。

（4）接受省调、地调调度的操作预令，拟写并审核监控操作票。

（5）接受省调、地调调度的操作正令，完成远方遥控操作，并核对遥信信号和遥测数据。

（6）在异常、事故状况下，收集、整理相关异常、事故信息，并根据调度指令进行故障处置。汇总处理过程、事故分析、异常情况，完成异常（事故）处置分析报告。

（7）进行正常或特殊方式下的限额监视。

（8）记录监控运行日志，保证各项内容的正确性。

（9）按照要求完成交接班工作。

（10）主持或参与反事故演习，参演人员完成反事故演习报告。

（11）编制及审核各类调控运行报表。

（12）执行重大事件汇报制度。

（13）负责变电站集中监控接入验收工作。

（14）参加安全学习、安全培训和班组安全活动。

（15）负责文件资料的管理和交接。

（三）配网调控员主要工作内容

（1）负责城区内 10（20）kV 及以下（含分支线）的电网调度工作。

（2）负责城区内 10（20）kV 及以下发、变、配电设备的运行监视、遥控、遥调等工作。

（3）根据设备检修停役申请拟定、审核及执行调度指令票。

（4）负责指挥城区配网事故、异常处理，完成事故跳闸报告；负责通知现场运维人员进行异常、缺陷和事故的检查处理。

（5）接受上级调度指挥，执行上级调度指令，正确进行异常及故障处置。

（6）按要求进行正常或特殊方式下的限额监视。

（7）填写或维护的调度运行日志，保证各项记录的正确性。

（8）按照要求完成交接班工作。

（9）按要求配合完成或主持反事故演习，参演人员填写完成反事故演习报告。

（10）负责对监控主站系统监控信息、画面等功能进行验收。

（11）按规定完成各类报表的编制上报工作。

（12）参加班组安全学习、安全培训和每周的班组安全活动。

（13）按照调度规程要求，执行重大事件汇报制度。

第三章　调度管辖及监控范围

第一节　调度管辖范围及划分原则

一、调管设备类型

调度管辖范围指调度机构行使调度指挥权的范围。调度调管设备分为直接调度设备、授权调度设备、许可调度设备。

直接调度设备指由调度机构直接行使调度指挥权的发电、输电、变电等一次设备及相关的继电保护、安全自动装置等二次设备，简称直调设备。直调设备划分应遵循有利于电网安全、优化调度的原则，并根据电网发展情况适时调整；下级调度机构直调设备范围的调整由上级调度机构协调并确定；同一设备原则上应仅由一个调度机构直接调度。

授权调度设备指由上级调度机构授权下级调度机构直接调度的发电、输电、变电等一次设备及相关的继电保护、安全自动装置等二次设备。授权调度设备的调度安全责任主体为被授权的调度机构。

许可调度设备指运行状态变化对上级调度机构直调系统运行影响较大的下级调度机构直调设备，应纳入上级调度机构许可调度，简称许可设备。许可设备范围的确定和调整由上级调度机构确定。许可设备状态计划性变更前，应申请上级调度机构许可；许可设备状态发生改变，应及时汇报上级调度机构。

电网紧急情况下，上级调度机构可越过下级调度机构，直接对下级调度机构管辖设备行使调度指挥权。上级调度机构对下级调度机构直调设备实行紧急调度期间，下级调度机构如需改变设备运行状态，应得到上级调度机构的许可。对下级调度机构直调设备无要求可复役时，由上级调度机构通知下级调度机构，并由设备所辖的调度机构负责复役操作。

二、地调调度管辖范围

（1）区域内110kV电网及城区（市本级）35kV电网由地调调度。

（2）变电站220kV主变属地调调度、省调许可，其220kV分接头和220kV中性点接地方式属省调许可。

（3）220kV变电站主变失灵保护停用，由省调许可。

（4）220kV终端系统及220kV电铁牵引站一般由所属地调调度。

（5）220kV发电厂及变电站的110kV母线及线路属地调调度。发电厂110kV及以下主变一般由发电厂值长调度，其110kV中性点接地方式属地调许可；发电厂220kV降压变和带有地区负荷的升压变110kV开关属地调调度（或许可）。

（6）地调调度220kV终端系统的下列一、二次运行方式变化应得到省调的许可：

1）终端变电站线路的停复役；

2）送端线路间隔倒换母线操作；

3）终端变电站220kV母差保护全停；

4）送端线路断路器失灵保护全停。

（7）有下列情况之一的终端系统由省调调度管辖：

1）220kV终端变电站、终端线路与送端变电站或发电厂升压站属于不同地区的；

2）220kV终端变电站接入有省调直接调度发电机组的；

3）220kV终端变电站能够通过220kV系统倒换供区供电方式的（含通过220kV备自投方式倒换供区）；

4）其他认为应由省调直接调度的终端系统。

（8）由于电网发展220kV终端系统结构发生改变，需要调整相关调度管辖范围时，由省调发文明确。

（9）省、地调度分界点为220kV主变高压侧母线闸刀。省调与地调调度220kV终端系统的分界点为送端侧的220kV母线闸刀，该母线闸刀属地调调度、省调许可设备。

（10）地、县调度分界点为110kV主变中低压侧母线闸刀和220kV变电站低压侧出线母线闸刀。

（11）地、配调度分界点为城区（市本级）110kV、35kV变电站主变10（20）kV侧母线闸刀和220kV变电站10（20）kV出线母线闸刀。

三、划分原则

省调调度管辖范围为省域内除国调、华东直调设备外，220kV 及以上发、输、变电设备（含变电站待用间隔，下同）和 110kV 认为应由省调直接调度的发、输、变电设备。

地调调度管辖范围为地域内 110kV 及城区（市本级）范围内 10～35kV 发、变、配电设备（含变电站待用间隔及配网分支线，下同）。220kV 终端系统及 220kV 牵引站一般由省调授权所属地区地调调度。

县调调度管辖范围为县域内 10～35kV 发、变、配电设备（含变电站待用间隔及配网分支线，下同）。

继电保护、安全自动装置、电网调度自动化及通信等二次设备的调度管辖范围与一次设备一致。

调度分界点设备均为上一级调度的许可设备。

各级变电站的站用电、直流系统由变电运维站（班）值长负责，运行方式改变和相关试验需得到相应调度许可。

原则上并网发电厂的升压变高压侧母线闸刀或并网线路的线路闸刀作为调度管辖范围的分界点。

各级调度范围的划分应以调度主管单位批准的文件明确。

四、地调电厂调控管辖划分

（1）地调调管电厂原则上按照并网电压等级及容量进行确定，当两者矛盾时，由上级调度确定。

（2）以下电厂原则上属地调调度：

1）火电厂（含燃油、燃气）单机容量在 6MW 及以上、50MW 以下，或者总装机容量在 100MW 以下，且接入 110kV 电网及城区（市本级）35kV 电网；

2）水电厂总装机容量在 6MW 及以上、50MW 以下，且接入 110kV 电网及城区（市本级）35kV 电网；

3）风电场、光伏电站等电厂总装机容量在 6MW 及以上、40MW 以下，且接入 110kV 电网及城区（市本级）35kV 电网；

4）授权调度或其他应由地调直接调度的电厂。

第二节 监控管辖范围及划分原则

一、监控范围划分原则

（1）220kV 及以上输变电设备由管辖调度机构指定监控单位，110kV 及以下设备按照调度监控范围一致的原则确定。

（2）监控范围仅限于监控信息符合调控运行接入标准，并纳入调度集中监控的输、变、配电设备。未纳入调度集中监控的输、变、配电设备由设备运维单位负责监控。

（3）下级调度机构监控范围调整应报上级调度机构审核批准。

二、地调监控范围

（1）地、县（配）调度监控界限划分，应采用调度、监控范围一致原则。

（2）地调监控范围为地域内 220kV 交流变电站、地调调度管辖范围内的输变电设备，以及上级调度机构指定的其他输变电设备。

（3）下级调度机构监控范围调整应报上级调度机构审核批准。

第四章　交　接　班

第一节　交接班管理规定

一、一般规定

（1）调控人员应按计划值班表值班，如遇特殊情况无法按计划值班，需经调控专业负责人同意后方可换班，不得连续当值两班。若接班值人员无法按时到岗，应提前告知，由交班值人员继续值班。

（2）交接班应按照调控中心规定的时间在值班场所进行。交班值调控人员应提前30min审核当班运行记录，检查本值工作完成情况，准备交接班日志，整理交接班材料，做好清洁卫生和台面清理工作。

（3）接班值调控人员应提前15min到达值班场所，认真阅读调度、监控运行日志，停电申请单、操作票等各种记录，全面了解电网和设备运行情况。

（4）交接班前15min内，一般不进行重大操作。若交接前正在进行操作或事故处理，应在操作、事故处理完毕或告一段落后，再进行交接班。

（5）交接班工作由交班值调控值长统一组织开展。交接时，全体参与人员应严肃认真，保持良好秩序。

（6）在值班人员完备的前提下，交接班时交班值应至少保留1名调度员和1名监控员继续履行调度监控职责。若交接班过程中系统发生事故，应立即停止交接班，由交班值人员负责事故处理，接班值人员协助，事故处理告一段落后继续进行交接班。

（7）交接班完毕后，交、接班值双方调控人员应对交接班日志进行核对，并分别在交接班日志上签名，以接班值调控值长签名时间为完成交接班时间。

二、交接班进行顺序

（1）调控业务总体交接。由交班值调控值长主持，交接班调控人员参加。

（2）调度业务及监控业务分别交接。调度业务交接由交班值调控值长或调度主值主持，交接班值班调度员参加；监控业务交接由交班值调控值长或监控主值主持，交接班监控员参加。

（3）补充汇报。接班值调度主值、监控主值向本值调控值长补充汇报调度业务交接和监控业务交接的主要内容。

（4）调度、监控业务融合的地调、县调可由交班值调控值长主持，同时完成调度、监控业务交接班。

第二节 交接班内容

一、调控业务总体交接内容

（1）调管范围内发、受、用电平衡情况。

（2）调管范围内一、二次设备运行方式及变更情况。

（3）调管范围内电网故障、设备异常及缺陷情况。

（4）调管范围内检修、操作、调试及事故处理工作进展情况。

（5）值班场所通信、自动化设备及办公设备异常和缺陷情况。

（6）台账、资料收存保管情况。

（7）上级指示和要求、电网预警信息、文件接收和重要保电任务等情况。

（8）需接班值或其他值办理的事项。

二、调度业务交接内容应包括

（1）电网电压、重要潮流断面及重载输变电设备运行情况及控制要求。

（2）调管电厂出力计划及执行情况。

（3）调管电厂的机、炉等设备运行情况。

（4）当值适用的启动调试方案、设备检修单、运行方式通知单、稳定措施通知单，电网设备异动情况，操作票执行情况。

（5）当值适用的继电保护通知单、继电保护及安全自动装置的变更情况。

（6）调管范围内线路带电作业情况。

（7）通信、自动化系统运行情况，调度技术支持系统异常和缺陷情况。

（8）其他重要事项。

三、监控业务交接内容

（1）监控范围内的设备电压越限、潮流重载、缺陷闭环、异常及故障处理等情况。

（2）监控范围内的一、二次设备状态变更情况。

（3）监控范围内的检修、操作及调试工作进展情况。

（4）监控系统、设备状态在线监测系统及监控辅助系统运行情况。

（5）监控系统检修置牌、信息封锁及限额变更情况。

（6）监控职责移交及收回情况。

（7）监控系统信息验收、集中监控许可变更情况。

（8）其他重要事项。

交接班记录包括电网运行方式、电网操作情况、电网故障缺陷、事故预案、监控系统、监控管理等模块。

第五章 值 班 日 志

第一节 调度日志管理规定

调度运行日志分为日常记事、电网故障、电网缺陷、稳定限额、接线变化、机组管理、操作管理、计划检修、临时工作、负荷控制、风险管理、调度纪律、交接班十三个子模块。交接班位于调度系统主界面右上角，直接点击值班员接班，填写相关值班人员即可。调度日志界面如图 5-1 所示。

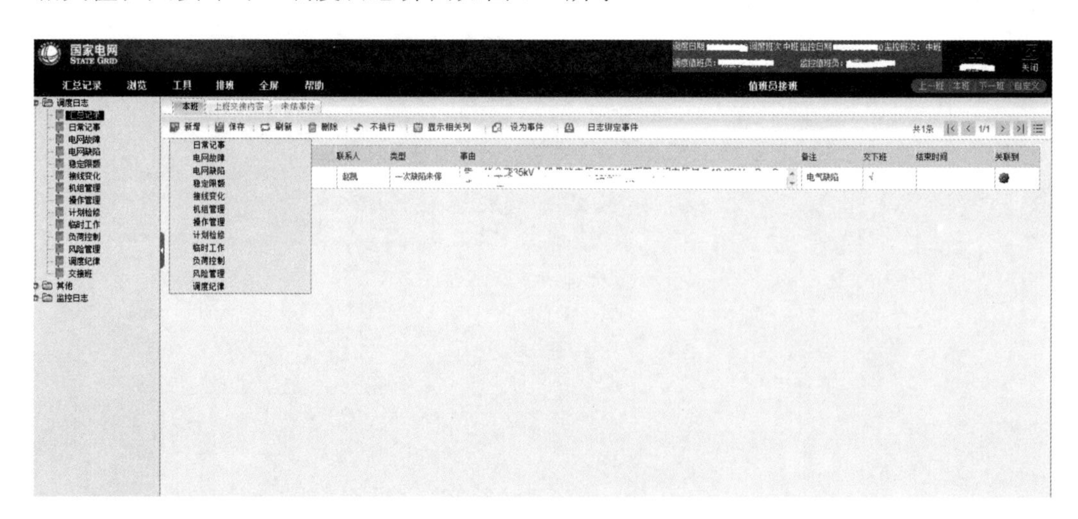

图 5-1 调度日志界面

其中，日常记录、电网故障、电网缺陷又有单独的细分类，具体如表 5-1 所示。

表 5-1 调度运行日志记录分类规范

项目	类　别						
日常记录	工作联系	台风	购电	冰灾	其他		
电网故障	一次事故未停	一次事故非停	二次事故未停	二次事故非停	自动化事故	通信事故	其他事故
电网缺陷	电气缺陷	保护及安自装置缺陷	通信缺陷	自动化缺陷	机组缺陷		

第二节　调度日志填写规范

一、日常记事

日常记事主要包括工作联系、台风、冰灾、购电、其他内容。其分界面如图 5-2 所示。

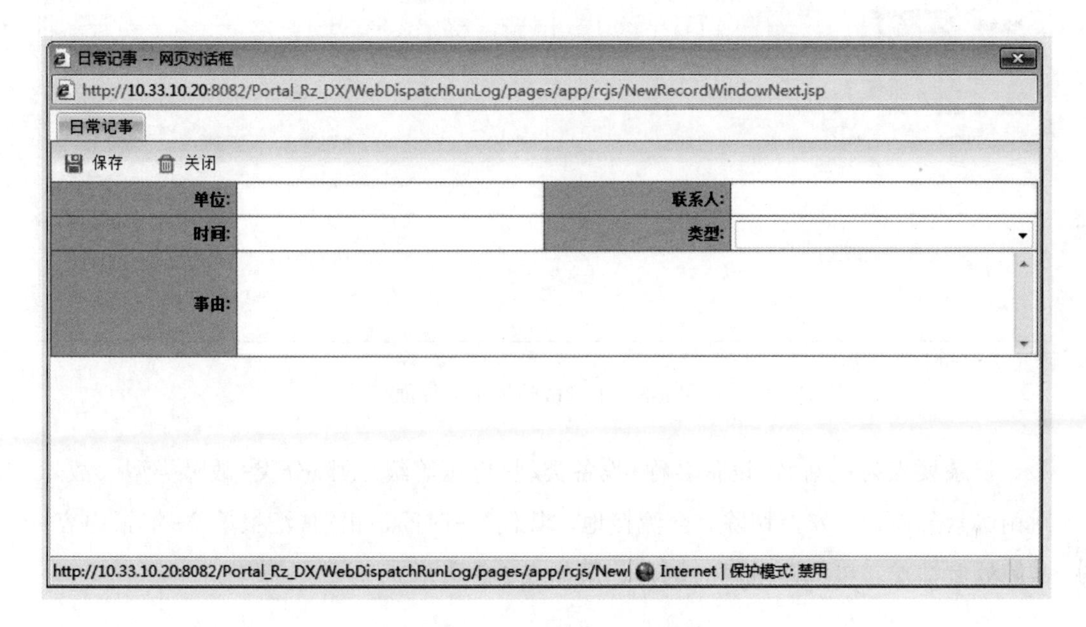

图 5-2　日常记事填写分界面

记录要点为：联系单位+联系人+时间+记录类型（五类之一）+详细内容，如表 5-2 所示。

表 5-2　　　　日常记事记录示例

单位	联系人	时间	类型	事　由
××公司（县市调、变电站）	×××	×月×日×时×分	工作联系（其他）	××变电站自动化工作需要，申请重启远动机，回告同意

二、电网故障

电网故障主要包括一次事故未停、一次事故非停（其中未停是指未停电事故、非停是指非计划停电事故）、二次事故未停、二次事故非停、自动化事故、通信事故、其他事故。其分界面如图 5-3 所示。

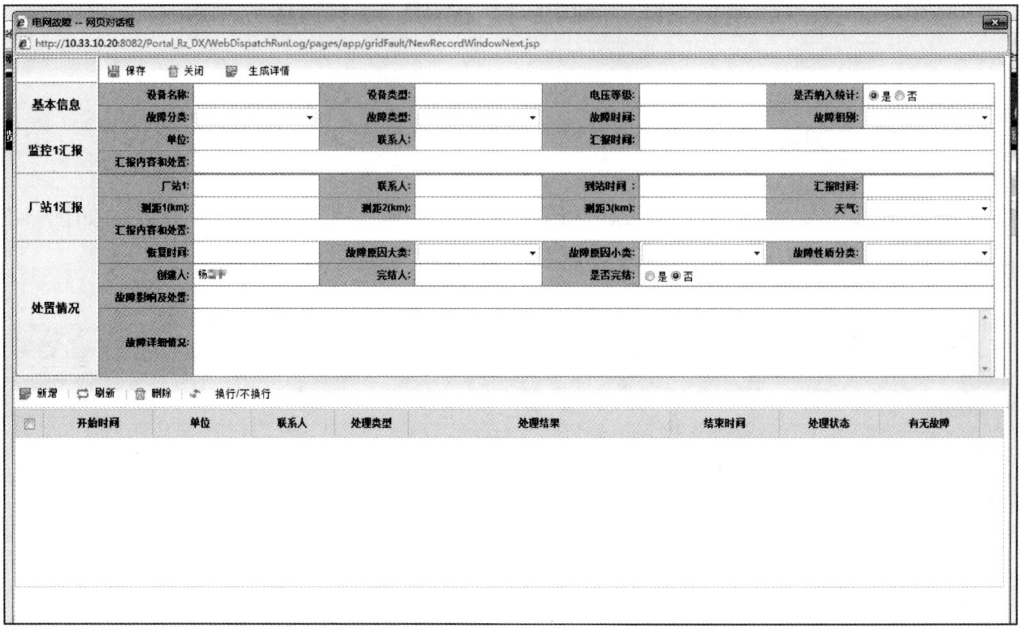

图 5-3 电网故障记录分界面

记录要点为：站名+设备名称+设备类型+电压等级+故障分类+故障类型（故障跳闸、紧急停运、安控切除、交流接地、其他）+时间、相别+汇报单位+汇报内容+故障处置情况。以线路跳闸为例，记录如表 5-3 所示。

表 5-3　　　　电网故障记录示例（线路跳闸故障）

设备名称	设备类型	电压等级	故障分类	故障类型	故障时间	故障相别
××线	线路	110	一次事故未停	故障跳闸	××年××月××日××时××分	B
监控汇报	监控××汇报：××时××分××变××线保护动作，开关跳闸，重合成功，已通知运维班现场检查					
厂站汇报	××变××汇报：××时××分××线××保护动作，开关跳闸，重合成功，故障相别 B 相，故障电流××A，保护测距××km，故录测距××km，天气雷雨，其他一、二次设备检查情况正常					
处置情况	处置过程：将汇报情况告知输电部门，许可：××线事故带电巡线工作可以开始，告知相关领导情况					

三、电网缺陷

电网缺陷主要包括电气缺陷、保护及安自装置缺陷、通信缺陷、自动化缺陷、机组缺陷。其分界面如图 5-4 所示。

电网缺陷 -- 网页对话框
http://10.33.10.20:8082/Portal_Rz_DX/WebDispatchRunLog/pages/app/gridDefect/NewRecordWindowNext.jsp
电网缺陷
保存　关闭　生成详情

设备名称:		设备类型:		电压等级（kV）:	
缺陷分类:		属性:		缺陷发生时间:	
紧急程度:		单位:		联系人:	
汇报时间:					
汇报内容:					
厂站:		联系人:		汇报时间:	
汇报内容:					
影响及处置:					
详细情况:					
记录人:	杨立宁	恢复时间：		是否纳入统计:	◉是 ○否

http://10.33.10.20:8082/Portal_Rz_DX/WebDispatchRunLog/pages/app/gridDefect/NewRecordWindowNext.jsp　Internet | 保护模式: 禁用

图 5-4　电网缺陷记录分界面

记录要点为：站名+设备名称+设备类型+电压等级+缺陷分类+属性（一次缺陷、二次缺陷、通信缺陷、自动化缺陷、其他）+时间+紧急程度（一般、严重、危急）+汇报单位+汇报内容+详细处置情况。以二次缺陷为例，记录如表 5-4 所示。

表 5-4　电网缺陷记录示例（二次缺陷）

设备名称	设备类型	电压等级	缺陷分类	属性	时间	紧急程度
××变××保护异常	保护装置	110	保护及安自装置缺陷	二次缺陷未停	××年××月××日××时××分	危急
监控汇报	监控××汇报：××变××保护装置发异常告警信号，已通知运维班现场检查					
厂站汇报	××变××汇报：××保护装置上发异常告警信号，无法复归，申请重启保护装置					
详细处置情况	将上述情况告知继保专业人员，根据意见重启保护装置。处置情况详细记录在此处					

四、稳定限额

稳定限额记录要点为：联系单位+联系人+时间+稳定限额相关事宜，其中包括稳定限额改动、限制等相关事宜。稳定限额记录分界面如图 5-5 所示。

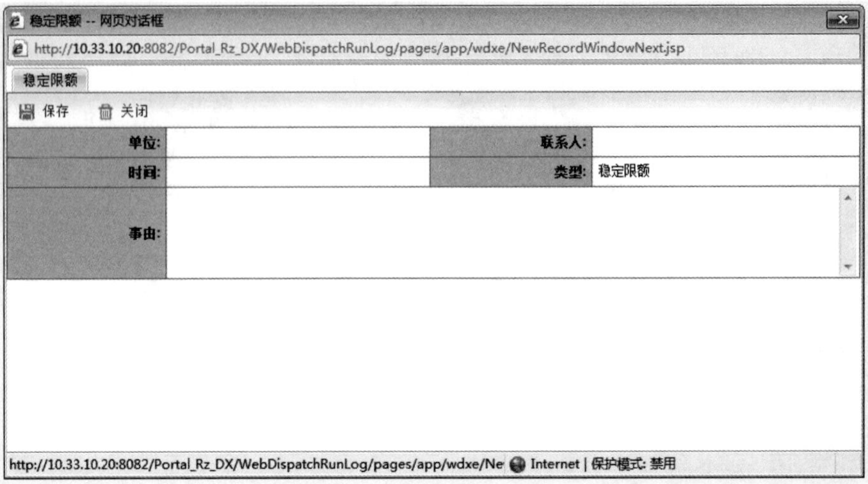

图 5-5　稳定限额记录分界面

五、其他

上述四类值班日志记录，调度专业日常使用频率较高，而其余几项记录分类在其他调控使用系统中有所涉及，在此不做过多阐述。其中，接线变化、操作管理、计划检修、临时操作、负荷控制在浙江电力调度停电智能管控平台上进行相关操作；风险管控在公司安全管控平台上记录和管理。

第三节　监控日志填写规范

监控值班日志的记录规范如下：

1. 交接班记录

交接班记录由当班正值负责记录，示例见表 5-5。

表 5-5　　交接班记录示例

发生时间	变电站	记事内容	记事类型	记录人
系统生成时间	地区监控班	交接班检查情况正常，图像监控，保信系统，“悟空”调控机器人，录音系统运行正常	日常管理	×××

2. 转发令记录

转发令记录由当班正值记录，示例见表 5-6。

表 5-6 转发令记录示例

发生时间	变电站	记事内容	记事类型	记录人
系统生成时间	地区监控班	×调×××（调度员）预发操作任务： 操作任务名称：×××线路停役 操作任务编号：×××… 计划操作时间：××日××时，转发××运维班××（运维人员）	操作票	××× （接令人）

3．异常、事故汇报记录

异常、事故汇报记录由当班正值记录，示例见表 5-7。

表 5-7 异常、事故汇报记录示例

发生时间	变电站	记事内容	记事类型	记录人
异常、事故发生时间	地区监控班	××变电站发生××异常（事故）。 现象：…… 汇报××调度×××（调度员）	事故异常	××× （汇报人）

4．缺陷汇报记录

缺陷汇报记录由当班正值记录，示例见表 5-8。

表 5-8 缺陷汇报记录示例

发生时间	变电站	记事内容	记事类型	记录人
缺陷发生时间	地区监控班	××变电站发生××缺陷。 现象：…… 汇报××调度×××（调度员）	缺陷	××× （汇报人）

5．监控遥控操作记录

监控遥控操作记录由当班正值记录，示例见表 5-9。

表 5-9 监控遥控操作记录示例

发生时间	变电站	记事内容	记事类型	记录人
调度正令时间	地区监控班	××调度×××（调度员）正令： 1．…… 2．……	操作票	××× （接令人）
操作结束时间	地区监控班	××时××分，上述令操作完毕，汇报××调度××（调度员）	操作票	××× （汇报人）

6．接受并转发通知记录

接受并转发通知记录由当班正值记录，示例见表 5-10。

表 5-10　　　　接受并转发通知记录示例

发生时间	变电站	记　事　内　容	记事类型	记录人
接到通知时间	地区监控班	××部门××（人员）通知： 1．…… 2．…… 并转告××运维班××（运行人员，有要求时）	其他	××× （接受人）

7．缺陷通知现场记录

缺陷通知现场记录由当班正值记录，示例见表 5-11。

表 5-11　　　　缺陷通知现场记录示例

发生时间	变电站	记　事　内　容	记事类型	记录人
缺陷发生时间	地区监控班	××变电站发生××缺陷。 现象：…… 告××运维班××（运维人员），要求对××缺陷进行现场检查	缺陷	××× （通知人）

8．接受现场缺陷汇报记录

接受现场缺陷汇报记录由当班正值记录，示例见表 5-12。

表 5-12　　　　接受现场缺陷汇报记录示例

发生时间	变电站	记　事　内　容	记事类型	记录人
接受汇报时间	地区监控班	××运维班×××（运维人员）汇报： ××变电站发生××缺陷。 现象：…… 现场处理情况：……	缺陷	××× （接受人）

9．异常、事故通知记录

异常、事故通知记录由当班正值记录，示例见表 5-13。

表 5-13　　　　异常、事故通知记录示例

发生时间	变电站	记　事　内　容	记事类型	记录人
异常、事故发生时间	地区监控班	××变电站发生××异常（事故）。 现象：…… 告××运维班××（运维人员），要求对××异常（事故）进行现场检查	事故异常	××× （通知人）

10．接受现场异常、事故检查处理汇报记录

接受现场异常、事故检查处理汇报记录由当班正值记录，示例见表 5-14。

表 5-14 接受现场异常、事故检查处理汇报记录示例

发生时间	变电站	记 事 内 容	记事类型	记录人
接受汇报时间	地区监控班	××变电站××运维人员汇报：××异常（事故）现场检查、处理情况：……	事故异常	×××（接受人）

11. 接受现场操作开始通知记录

接受现场操作开始通知记录由当班正值记录，示例见表 5-15。

表 5-15 接受现场操作开始通知记录示例

发生时间	变电站	记 事 内 容	记事类型	记录人
接受通知时间	地区监控班	××变电站××运维人员通知××操作调度已下正令，现已拆除××标牌	停役申请	×××（接受人）

12. 接受现场操作结束汇报记录

接受现场操作结束汇报记录由当班正值记录，示例见表 5-16。

表 5-16 接受现场操作结束汇报记录示例

发生时间	变电站	记 事 内 容	记事类型	记录人
接受通知时间	地区监控班	××变电站××运维人员汇报××操作已结束，核对信息正确，置××标牌	停役申请	×××（接受人）

13. 接受现场遥控试验申请记录

接受现场遥控试验申请记录由当班正值记录，示例见表 5-17。

表 5-17 接受现场遥控试验申请记录示例

发生时间	变电站	记 事 内 容	记事类型	记录人
接受通知时间	地区监控班	××变电站××运维人员汇报××间隔当地后台遥控试验正确，要求进行监控后台遥控试验	停役申请	×××（接受人）

14. 遥控试验结果记录

遥控试验结果记录由当班正值记录，示例见表 5-18。

表 5-18 遥控试验结果记录示例

发生时间	变电站	记 事 内 容	记事类型	记录人
通知时间	地区监控班	××间隔监控后台遥控试验正确，通知××变电站××运维人员	停役申请	×××（通知人）

15. 变电站现场工作许可记录

变电站现场工作许可记录由当班正值记录，示例见表 5-19。

表 5-19　　变电站现场工作许可记录示例

发生时间	变电站	记　事　内　容	记事类型	记录人
接受通知时间	地区监控班	××变电站××运维人员汇报××工作已许可	工作票	××× （接受人）

16. 变电站现场工作结束记录

变电站现场工作结束记录由当班正值记录，示例见表 5-20。

表 5-20　　变电站现场工作结束记录示例

发生时间	变电站	记　事　内　容	记事类型	记录人
接受通知时间	地区监控班	××变电站××运维人员汇报××工作已结束	工作票	××× （接受人）

第六章　设备运行监视

第一节　信息监视与处置原则

一、监控信息分类

（一）事故信息

事故信息是指反映各类事故的监控信息，包括：

（1）全站事故总信息；

（2）单元事故总信息；

（3）各类保护、安全自动装置动作信息；

（4）开关异常变位信息。

（二）异常信息

异常信息是指反映电网设备非正常运行状态的监控信息，包括：

（1）一次设备异常告警信息；

（2）二次设备、回路异常告警信息；

（3）自动化、通信设备异常告警信息；

（4）其他设备异常告警信息。

（三）越限信息

越限信息是指遥测量越过限值的告警信息。

（四）变位信息

变位信息是指各类开关、装置软压板等状态改变信息。

（五）告知信息

告知信息是指一般的提醒信息，包括油泵启动、刀闸变位、主变分接开关挡位变化、故障录波启动等信息。

二、监控信息处置

监控信息处置以“分类处置、闭环管理”为原则，分为信息收集、实时处置、分析处理三个阶段。

（一）信息收集

值班监控人员（简称监控员）通过监控系统发现监控告警信息后，应迅速确认，根据情况对以下相关信息进行收集：

（1）告警发生时间；

（2）保护动作信息；

（3）开关变位信息；

（4）关键断面潮流、频率、电压的变化等信息；

（5）监控画面推图信息；

（6）现场视频信息（必要时）。

（二）实时处置

对于不同类型的监控信息，实时处置过程如下。

1. 事故信息实时处置

（1）监控员收集到事故信息后，按照有关规定及时向相关调度汇报，并通知运维单位检查。

（2）运维单位在接到监控员通知后应迅速组织现场检查，并将检查结果及时向相关值班调度员和监控员进行汇报。

（3）事故信息处置过程中，监控员应按照调度指令进行事故处理，并监视相关变电站运行工况，跟踪了解事故处理情况。

（4）事故信息处置结束后，现场运维人员应检查现场设备运行状态，并与监控员核对设备运行状态与监控系统是否一致。监控员应对事故发生、处理和联系情况进行记录，并根据《调控机构设备监控运行分析管理规定》（试行）填写事故信息专项分析报告。

2. 异常信息实时处置

（1）监控员收集到异常信息后，应进行初步判断，通知运维单位检查处理，必要时汇报相关调度。

（2）运维单位在接到通知后应及时组织现场检查，并向监控员汇报现场检查结果及异常处理措施。如异常处理涉及电网运行方式改变，运维单位应直接向相关调度汇报，同时告知监控员。

（3）异常信息处置结束后，监控员应确认异常信息已复归，并做好异常信息处置的相关记录。

3. 越限信息实时处置

（1）监控员收集到输变电设备越限信息后，应汇报相关调度，并根据情况通知运维单位进行检查处理。

（2）监控员收集到变电站母线电压越限信息后，应根据有关规定，按照相关调度颁布的电压曲线及控制范围投切电容器、电抗器和调节变压器有载分接开关，如无法将电压调整至控制范围内时，应及时汇报相关调度。

4. 变位信息实时处置

监控员收集到变位信息后，应确认设备变位情况是否正常。如变位信息异常，应根据情况参照事故信息或异常信息进行处置。告知类监控信息处置由运维单位负责。

（三）分析处理

设备监控管理处对于监控员无法完成闭环处置的监控信息，应及时协调运检部门和运维单位进行处理，并跟踪处理情况。

设备监控管理处对监控信息处置情况应每月进行统计。对监控信息处置过程中出现的问题，应及时会同调度控制处、自动化处和运维单位总结分析，落实改进措施。

三、检查与考核

（1）调控中心应对设备监控信息处置工作及相关记录进行检查，并定期对工作质量进行评价。

（2）调控中心应对未按规定及时、正确处置监控信息，造成事故处理延误、影响电网安全的情况进行考核，并追究相关人员责任。

第二节　集中监控上报缺陷流程管理

值班监控员应在当班期间跟踪、掌握集中监控发现重要及以上缺陷处理情况，及时实施缺陷闭环管理，对于逾期缺陷，及时通知设备监控管理人员协调处理。

一、缺陷发起

由集中监控发现的厂站设备缺陷要及时发起缺陷流程，监控员要准确填写主站端监控信息情况，并按照《调度集中监控告警信息相关缺陷分类标准（试行）》对缺陷准确定性。集中监控缺陷发起流程如图 6-1 所示。

集中监控缺陷处理流程单

编号：SG-202101-2496

■ 监控员发起					
缺陷归属单位	站端		缺陷发生时间	2021-01-09 08:07:00	
设备调度命名	黄婺[illegible]61线线路保护装置		所属厂站	[illegible]变	
发生缺陷设备(检修)			所属厂站(检修)		
设备类型名称(检修)			部件名称(检修)		
部件种类(检修)			部位名称(检修)		
缺陷描述(检修)					
缺陷内容	黄婺[illegible]61CVT电压异常告警动作，现场检查保护装置、电压无异常，该信号无法复归				
缺陷分类	严重		缺陷处理时限	2021-02-09 08:09:00	
备注					
附件					
缺陷发现人	包[illegible]	缺陷发现人单位	金华供电公司	填报时间	2021-01-09 07:57:47
■ 值长审核					
审核意见	尽快处理				
审核是否通过	是		审核单位	金华供电公司	
是否调度关注缺陷	是				
审核人	吴[illegible]		审核时间	2021-01-09 08:12:00	

图 6-1　集中监控缺陷发起流程

二、缺陷验收

值班监控员在收到运维人员缺陷消缺完毕汇报后，负责对智能调度控制系统相关监控信息进行核对，确认主站端已恢复正常。涉及远方遥控消缺的，应配合进行遥控验证。缺陷验收完毕后需在 OMS 系统中完成缺陷记录。集中监控缺陷验收流程如图 6-2 所示。

三、缺陷跟踪

值班监控员应全过程掌控影响集中监控的重要及以上缺陷，对缺陷设备加强监视，对于逾期缺陷，及时通知设备监控管理人员协调处理。

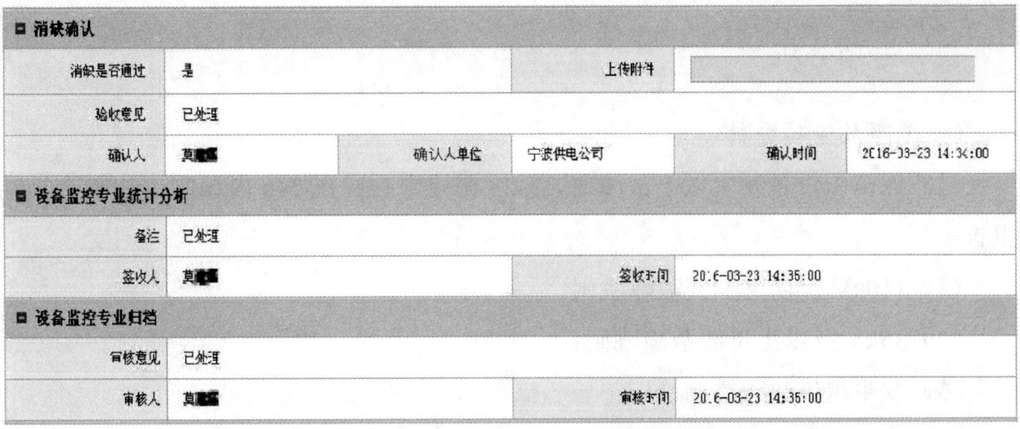

■ 消缺确认					
消缺是否通过	是		上传附件		
验收意见	已处理				
确认人	莫■	确认人单位	宁波供电公司	确认时间	2016-03-23 14:34:00
■ 设备监控专业统计分析					
备注	已处理				
签收人	莫■		签收时间	2016-03-23 14:35:00	
■ 设备监控专业归档					
审核意见	已处理				
审核人	莫■		审核时间	2016-03-23 14:35:00	

图 6-2　集中监控缺陷验收流程

第三节　监控运行分析

监控运行分析是结合设备故障、缺陷和运行跟踪情况，分析设备运行安全隐患。通过对监控信息实时跟踪分析、深度挖掘、各类缺陷情况统计、变电站定期全面深度巡视，开展设备运行状态分析工作，定期统计分析并编制完善各类例报和专项分析报告。监控运行分析分为定期分析和专项分析两类。定期分析分为月度分析和年度分析；专项分析包括事故专项分析、异常（缺陷）专项分析、远方操作专项分析以及其他相关专项分析。

一、定期分析

（一）月度分析

调控中心每月对上月监控信息、设备缺陷、事故处置、远方操作、运行值班、跟踪挖掘数据等工作进行汇总分析提炼，形成地区监控运行分析月报，并于每月第3个工作日16:00前上报省调控中心。

（二）年度分析

每年1月10日及7月10日前，调控中心分别对上一年度和上半年的设备监控运行情况进行总结，以月分析为基础，对监控信息完整性、规范性、告警正确性进行全面数据校核，结合信息整治，对变电站规模、故障处置、监控告警信息情况、远方操作、设备缺陷处置、监控职责移交、隐患排查、故障响应、异常处置等情况形成地区监控运行分析（半）年报，同时上报省调控中心。

二、专项分析

（一）事故专项分析

当监控范围设备发生以下故障时，地区调控中心应在24h内编制事故专项分析报告：

（1）110kV及以上主变故障跳闸；

（2）35kV及以上母线故障跳闸；

（3）发生越级故障跳闸；

（4）发生保护误动、拒动；

（5）发生遥控误操作；

（6）其他需开展专项分析的情况。

（二）异常（缺陷）专项分析

当监控范围设备发生以下情况时，应在一周内编制异常（缺陷）专项分析报告：

（1）漏发或误发重要监控信息；

（2）重大异常信息处置不准确；

（3）同一设备或同类设备多次出现相同异常信息；

（4）自动化设备故障导致批量设备失去远方监视；

（5）AVC系统自动控制异常，导致增加人工操作量；

（6）其他需要开展专项分析的设备重大异常情况。

（三）远方遥控操作专项分析

当监控范围设备发生以下情况时，应在一周内编制遥控操作专项分析报告：

（1）人工远方遥控操作不成功；

（2）AVC系统遥控成功率低。

（四）其他相关专项分析

对监控运行和告警信息进行跟踪挖掘发现重大问题时，调控中心组织开展针对性分析讨论；对监控运行产生较大影响的，应及时编制专项分析报告。

第七章 调控运行操作

第一节 调控运行操作管理规定

一、一般规定

（1）倒闸操作应根据调度管辖范围实行分级管理，严格依照调度指令执行。各级调度控制机构在电力调度操作业务活动中是上、下级关系，下级调度控制机构应服从上级调度控制机构的调度。

（2）未经调度控制机构值班调度员指令，任何人不得操作该调度控制机构调度管辖范围内的设备。调度许可设备在操作前应经上级调度控制机构值班调度员许可，操作完毕后应及时汇报。

（3）各级调度控制机构值班调度员应按照规定发布调度指令，并对其发布的调度指令的正确性负责。接受调度指令的调度系统值班人员必须执行调度指令，并对指令执行的正确性负责。

（4）接受调度指令的调度系统值班人员认为所接受的调度指令不正确或执行调度指令将危及人身、设备及系统安全的，应当立即向下达调度指令的值班调度员提出意见，由其决定该指令的执行或者撤销。

（5）调度系统值班人员接到上级值班调度员发布的与调度指令相矛盾的其他指示时，应立即汇报上级值班调度员。如上级值班调度员重申他的调度指令，调度系统值班人员应立即执行。

（6）因故未执行的倒闸操作任务，应向相关单位说明情况；对于确定不再执行的任务，应将操作命令收回，并将操作票作废。

二、有权接受调度指令的人员

调度系统中有权接受调度指令的人员包括：

（1）下级调度控制机构值班调度员；

（2）下级调度控制机构值班监控员；

（3）发电厂及用户值长或电气班长；

（4）已发文具备接令资格的运维站（班）值班人员。

三、调度倒闸操作票执行流程

为了保证倒闸操作的正确性，地调值班调度员对一切正常操作应严格执行拟写操作票、审核操作票、发布预令、执行正令、操作票归档、申请单终结流程，如图 7-1 所示。

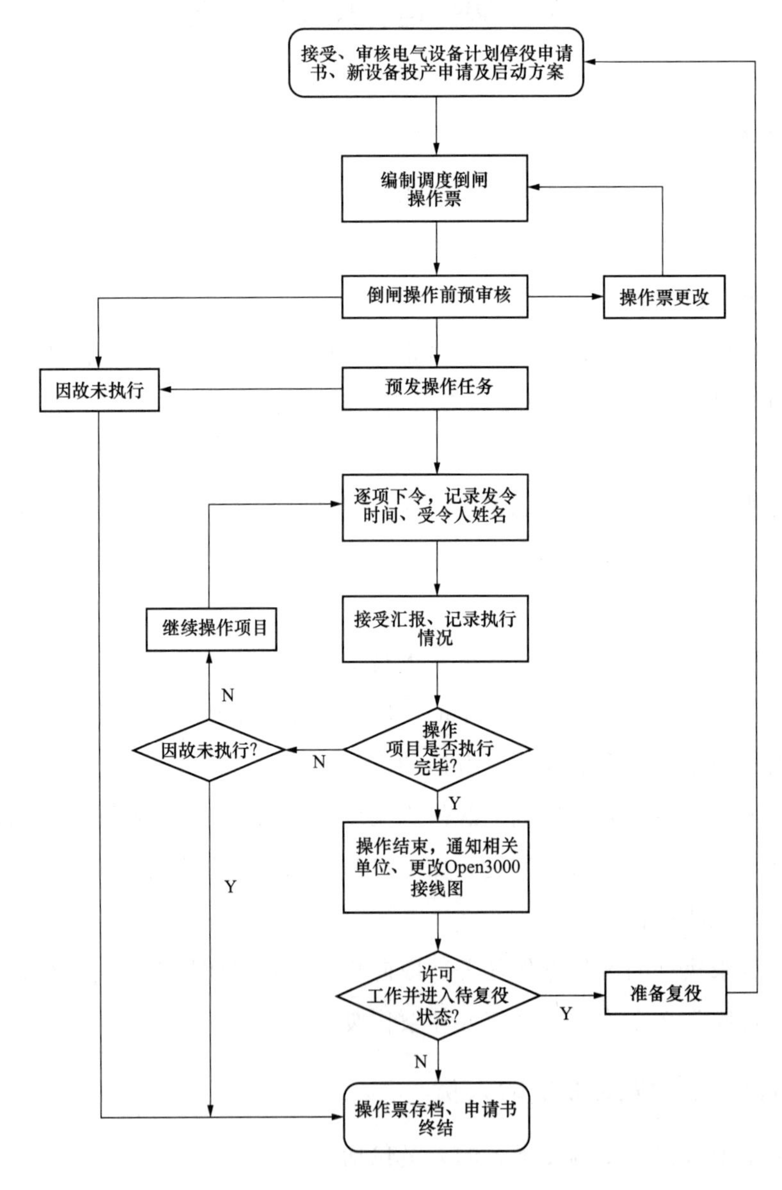

图 7-1　调度倒闸操作票执行流程

第二节　调度运行操作流程

一、拟票准备

计划停复役操作提前两天拟写操作票。拟票前应核对周计划，在 OMS 系统里查找并审核输变电设备停电申请单，如有变动需及时联系相关部门询问情况，确保申请单按规定提交到调度台。拟票前明确电网运行方式。涉及整定单定值更改的应附上相应整定单，并确保相关装置按新整定单执行。涉及新设备投运的，应根据设备启动方案拟写操作票。审阅输变电设备停电申请单步骤如下：

（1）仔细阅读输变电设备停电申请单各项内容（见图 7-2），包括工作单位、停电设备、工作内容、停电项目名称、安全措施简图、各专业审核、领导审核、运行方式批复、计划停复役时间及其他相关附件。

金华供电公司电力调控中心设备检修申请单

工作单位：线路　　编　号：金华地调202008062　　PMS编号：

停电设备	江亭1456线		
申请单位	金华供电公司	申请人/电话	张帆/662772
天气情况	遇雨顺延	现场申请	
施工受令人（联系人）联系方式	(张帆)662772		
工作内容	1、江亭1456线1#-6#段迁改；2、江亭1456线OPGW光缆架设、过渡、普通管道光缆敷设等施工和熔接（光缆停役时间：2020-08-25 09：00 至 2020-08-31 17：00）。		
停电项目名称	江亭1456线改线路检修		
安全措施复役要求	1、工作结束后，需进行绝缘、定相、工参试验，复役时需进行冲击试验；2、工作结束后，必须经通信部门测试OPGW、管道光缆完好后，方可恢复。		
申请工作时间	2020-08-25 06:00:00 ~ 2020-08-31 21:00:00		
批准工作时间	2020-08-25 06:00:00 ~ 2020-08-31 21:00:00		
省调批准日期	~		
通知书	通知时间		
	通知人		
停役时间	2020-08-25 04:46:43	开始调度员	费咏攀
复役时间		结束调度员	
关联申请			
备注			

运方批复	意见	义亭变：官亭1361线带全所负荷，110kVBZT改信号。若官亭1361官铜1359断面超限，铜山变：停用110kVBZT和10kV母分BZT。复役时线路绝缘、工参已做，定相正确后，线路需由江湾侧开关冲击一次（停用重合闸）。		
	批复人	许[illegible]	批复时间	2020-08-19 16:29:35
继保审核	意见	同意		
	审核人	郭[illegible]	审核时间	2020-08-13 15:43:50
方式审核	意见			
	审核人	许[illegible]	审核时间	2020-08-12 07:28:24
自动化审核	意见	同意		
	审核人	吴[illegible]	审核时间	2020-08-14 17:37:31
调度审核	意见			
	审核人		审核时间	
通信审核	意见			
	审核人		审核时间	
监控审核	意见			
	审核人		审核时间	
领导审核	意见	同意。		
	审核人	杨[illegible]	审核时间	2020-08-19 16:20:48

图 7-2　地区供电公司电力调控中心设备检修申请单

（2）阅读设备停役申请单时，应确认申请单所列停电项目名称满足工作内容需要，附件中安全措施简图应与停电项目名称一致，尤其涉及带电部分与停役设备交接点，如线路隔离开关、母线隔离开关、旁路隔离开关、母线分段隔离开关的工作许可，严防检修部门在带电设备上工作。发现安全措施简图与停电项目名称不一致时，应与方式人员或检修单位工作联系人取得联系，重新确定停电项目名称。

（3）查看方式、继保等专业批复的意见是否合理，充分考虑该操作任务对系统接线方式、潮流分布、负荷平衡、设备限额、保护和安全自动装置、系统中性点接地方式、雷季运行方式等各方面的影响，方式、继保等专业批复的内容是否正确。

（4）对方式、继保等批复意见有疑问时，应及时联系相关批复人员，询问批复意图、有无遗漏等问题，经双方确证无疑义后，方可按批复意见拟写操作票。如需修改批复意见，应由方式、继保等人员在申请单上标注，写明修改原因并签名。

二、开始拟票

（1）通过核对现场一、二次设备的运行方式，充分考虑现场工作内容及安全措施的要求，明确设备的最终状态并用状态术语进行描述，如主变及三（两）侧检修、××开关（或开关及线路）配合母线检修等。当设备停役涉及多个变电站时，应明确各变电站之间的主从关系，合理地将多个工作面组合到同一个操作任务中。

（2）拟票时使用调度智能防误操作任务票系统。其中操作票类型分为计划停役票、计划复役票、临时停役票、临时复役票、启动票、计划停复役票、临时停复役票。拟票时应使用规范的三重命名，即变电站名、设备的双重命名。

（3）当涉及合/解环、解并列时，合环操作前须确证是否同一供区，做好PAS模拟合环潮流计算，两侧电压差、相角差和合环时潮流满足调规要求，线路保护投入；解环后，相关设备的有功、无功潮流、电压情况等满足调规要求，线路保护根据继保专业要求进行投退（若有过流或合环解列保护的，则应在合环时投入，解环后退出）。

1）涉及保护定值区切换的，须确证现场当前状态。

2）线路改检修前需告线路各侧已处冷备用。

3）停主变或线路前，确证相关联设备不越限。

4）电容器、电抗器等设备停役操作，务必确证设备处热备用状态。

5）设备复役前应核对该设备所有相关联工作均已结束。

6）当操作线路改运行，操作前务必确认线路各侧已处冷备用。

三、审核操作票

（1）当班审核拟票完成后，先自审无误后提交当班值内审核。审核中发现问题应由拟票人修改，审核无误后签名，完成当班拟票及审核工作。

（2）过班审核各值人员审票，如有疑问应向拟票人询问清楚，确需修改的则由审核人员进行修改，修改完毕后应告知拟票人，也可由拟票人修改。审核无误后在审票人一栏签名。

（3）审核操作票要点：

1）是否符合调度规程规定、申请单等要求；

2）能否完成预定的计划检修工作任务；

3）操作步骤是否正确；

4）设备名称及编号是否正确，是否使用标准的调度术语和调度命名；

5）停送电的解、合环点是否正确；

6）保护配合是否正确；安全自动装置配合是否正确；

7）设备及断面是否越限，电压是否越限；

8）变压器分接头位置、中性点接地方式是否满足要求；

9）是否考虑厂站特殊操作规定。

四、发布预令

预令一般在计划检修前一天发布。临时性操作应尽可能提前预发到变电运维站（班）或变电站，使变电运维站（班）做好现场操作准备。操作指令票审核后，按流程发布操作预令，操作步骤如下：

（1）通过调度智能防误操作任务票系统，将操作预令发送至相应受令单位，通知对方接受并核对操作任务，说明操作目的、预定操作时间后，做好电话录音，并填写预令人、预发时间、受预令地点及人员，预令操作填写规范如图 7-3 所示。

（2）用户变电站、电铁、电厂等无调度智能防误操作任务票系统的受令单位，应电话预发或通过传真预发，并核对相应指令是否有误。

（3）受令人员应掌握每一项操作指令及相关注意事项和要求，结合现场设备实际情况，确认预先下发的操作指令票无误，如对操作指令有异议，应及时提出，调度员应做好及时沟通工作。

（4）调度员对各相关单位接受预发操作任务的情况进行核对，确保各单位在操作票系统中都接收到预令，系统所示核对无误后，闭锁预令，后续进入操作票执行阶段。

（5）操作指令经调度审核确有异议的，应及时修改操作票，并重新预发操作任务，预发时应同样履行上述流程。

浙江省金华调度操作指令票

已执行

* 类型：	计划停役	编号：	200107		
申请书号：	金华地调202008081				
操作任务：	九蒋3559线停役				
拟票人：	余,姬	拟票日期：	2020-08-24	执行日期：	2020-08-26

序号	受令单位	操作内容	下令时间	下令人	受令人	监护人	汇报人	汇报时间	备注	提
1	九峰电厂	告我：机组已全部停机		姬		王	朱	26日 06:56		
2	九峰电厂	35kV频率电压解列装置由跳闸改为信号	26日 06:57	姬	朱	王	朱	26日 07:01		
3	九峰电厂	告他：九蒋3559线改为冷备用，后回告	26日 07:01	姬	朱	王	朱	26日 07:11		
4	金华地调监控	蒋堂变九蒋3559线由运行改为热备用（停线路）	26日 07:16	姬	周	王	周	26日 07:22		
5	蒋堂变	九蒋3559线由热备用改为冷备用	26日 07:23	姬	马	王	马	26日 07:44		
6	蒋堂变	告他：九蒋3559线对侧已处冷备用	26日 07:23	姬	马	王				
7	蒋堂变	九蒋3559线由冷备用改为线路检修	26日 07:23	姬	马	王	马	26日 07:44		
8	九峰电厂	九蒋3559线由冷备用改为线路检修	26日 07:45	姬	朱	王	朱	26日 07:59		
9	九峰电厂	告他：九蒋3559线二侧已改为线路检修，许可：九蒋3559线路工作可以开始	26日 08:00	姬	朱	王			确认已挂牌	◆

审核人：	余,姬,周,王,费,严,康	监护人：	王	执行人：	
预令人：	余	预令时间：	2020-08-25		
签收人及单位：	九峰电厂:孙;金华地调监控:黄;蒋:赵				

图 7-3　调度智能防误操作任务票系统预令操作填写

五、执行正令

1. 操作前准备

（1）明确当值操作任务，申请单分类整理，按“今日、明日、后日”申请单归类，检查申请单上停役设备、时间、批复意见等重要内容有无改动，确保无误。

（2）停复役前打开调度技术支持系统上一次接线图，仔细检查操作相关变电站一次方式与操作前状态一致，无异常告警信号。同时确认当地天气状况符合操作条件。

2. 倒闸操作时间

电网中正常倒闸操作，尽可能避免在下列时间进行：

1）值班人员交接班时；

2）电网接线极不正常时；

3）电网高峰负荷时；

4）雷雨、大风等恶劣气候时；

5）联络线输送功率超过稳定限额时；

6）电网发生故障时；

7）地区有特殊要求时等。

3. 操作票执行

打开调度智能防误操作任务票系统中相应的操作票，转执行后，逐项下令，经监护人申请授权确认执行，做好记录。具体操作步骤如下：

（1）与运维人员互报单位、姓名。例：运维人员××：您好，××变××。××地调××：您好，××地调××。

（2）逐项发布倒闸操作任务。例：××地调××：××变正令1个：宾×1607线路由冷备用改检修。运维人员××：××地调××发布正令1个：宾×1607线路由冷备用改检修。

（3）对方复诵无误后，回答“对，执行，正令时间×时×分。”“正令时间”是值班调度员许可执行调度指令的依据，现场值班人员未接到“正令时间”不得进行操作。

（4）在操作票系统中倒闸操作票上相应位置记录发令时间、受令人等内容。

（5）按倒闸操作票中所列顺序依次发布操作任务、不提倡跳步操作；防止因跳步操作而产生误操作事故。严禁由两个调度员同时按照同一份操作票分别对两个单位下达调度命令。严禁约时操作。

4. 操作结束汇报

（1）逐项接受操作汇报，运维人员汇报操作结束时，应报“结束时间”，并将执行指令报告一遍，值班调度员复诵一遍，汇报人应复核无误。“结束时间”应取用汇报人向调度汇报操作执行完毕的汇报时间，它是运行操作执行完毕的根据，值班调度员只有在收到操作“结束时间”后，该项操作才算执行完毕，并记录操作结束时间、操作情况。严格执行复诵制度，防止出现漏听、误听事故；操作中出现异常情况应做好记录工作。例：运维人员××：操作汇报，××变宾×1607线由冷备用改线路检修操作结束，汇报时间×时×分，情况正常。××地调××：××变宾×1607线由冷备用改线路检修操作结束，汇报时间×时×分，情况正常。

（2）在操作票系统中操作票的相应位置填写汇报人姓名、汇报时间，在模拟更正栏中打勾，如图7-4所示。

1）当操作执行过程中出现不能执行的操作指令时，应不执行操作，在该步骤上盖不执行章，并将原因在操作步骤上予以备注说明。

2）逐项许可工作，注意带电设备与工作区域的交接点，注意线路工作是否存在配合工作的问题。

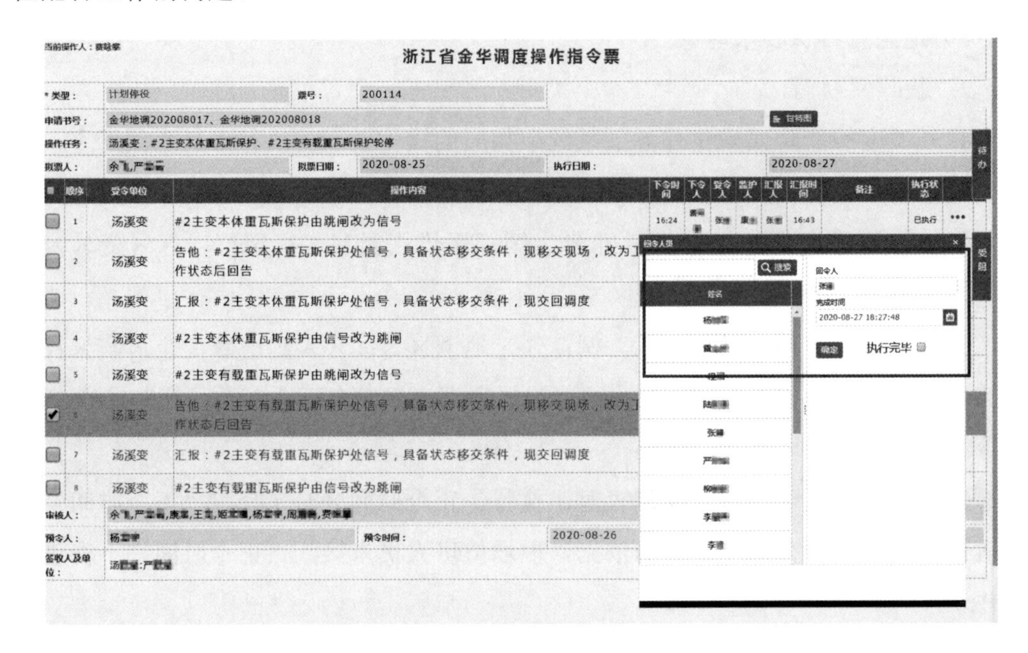

图 7-4　调度停电智能管控平台执行指令操作

（3）当值调度员要及时完成设备停役申请单及 OMS 系统上同步流程操作。

（4）对待复役设备进行列表管理，若停役申请工作两天以上，将该申请单归入“待复役”存放，交班时需交代清楚，以免漏开复役操作票。

（5）复役操作，若有相关配合工作的，需等所有工作结束汇报完成，具备复役条件后方可进行复役操作。

六、归档

（1）复役操作完毕后，当值调度员负责在设备停役申请单上填写复役时间及发令人、监护人姓名，系统自动加盖“已执行”印章，调度班安全员对已执行的操作票进行审核，无误后进行归档。

（2）调控云系统中，当值调度员负责填写工作结束汇报时间，汇报人姓名，操作结束完成时间，汇报人姓名。系统归档设备停役申请单，如图 7-5 所示。

七、其他要求

（1）无论是地调值班调度员还是现场值班运行人员，对操作有疑问时，应立即停止操作，直到把疑问分析清楚后才能继续操作。

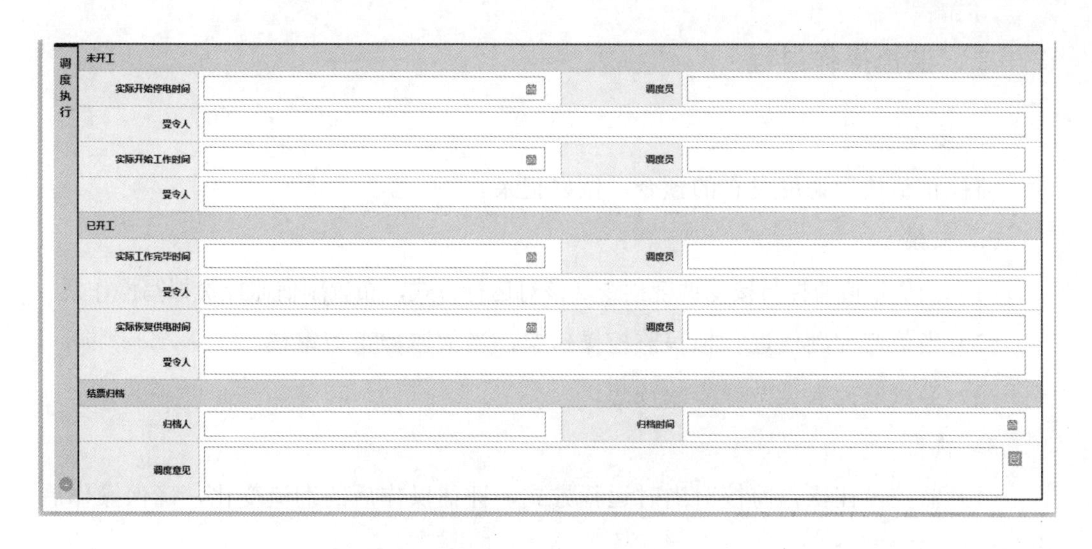

调度执行			
未开工			
实际开始停电时间		调度员	
受令人			
实际开始工作时间		调度员	
受令人			
已开工			
实际工作完毕时间		调度员	
受令人			
实际恢复供电时间		调度员	
受令人			
结票归档			
归档人		归档时间	
调度意见			

图 7-5　调控云中填写、归档申请单操作

（2）现场值班人员在正令操作完毕后，应由受令人亲自向值班调度员汇报执行项目和操作结束时间，地调调度员逐项复诵，现场值班人员应复核无误。

（3）地调值班调度员发布的调度指令一律由“可以接受调度指令的人员”接令，非上述人员不得接受地调值班调度员的指令，地调值班调度员也不得将调度指令发给不可以接受调度指令的人员。

（4）调度员要及时完成申请单上停役时间填写及调控云上同步流程操作，每次操作完成接受汇报时，及时核对调度技术支持系统一次接线图方式状态正确；正常情况不允许跳步操作；操作过程中时刻关注调度技术支持系统上的操作内容及产生的潮流变化等信息。

第三节　监控运行操作流程

一、操作范围

（1）具备远方操作的开关、主变压器分接头和二次设备。

（2）开关常态化远方操作适用类型：线路开关的计划停送电（线路变压器组开关、涉及主变停送电的线路开关除外）、合/解环等操作采用远方操作方式；设备异常及事故应急处理。适用设备为单一间隔开关。

二、监控操作过程

1. 接令

监控正值接受调度发布的预令，做好记录。

2. 拟票

（1）当值正值监控员接受调度预令，核对运行方式，布置副值监控员拟写操作票。

（2）当值监控副值进行拟写监控操作票，当值监控正值审核。

（3）当班监控人员做好事故预想。

3. 执行

（1）监控员在操作前核对当时运行方式，评估操作后的潮流变化，确保操作后设备运行稳定安全。

（2）当值监控正值人员接受调度正令并做好记录，当班副值监控员核对录音电话，确认正令内容无误，通知相关运维人员。

（3）操作采用双人双机模式，监控正值监护、副值操作。监控副值在智能调度技术支持系统中打开执行操作界面，输入操作密码，监控正值输入监护密码确认后，监控副值点击执行。操作过程中执行唱票、复诵制度，按票逐条打勾操作。调度技术支持系统有防误的，应调用防误进行操作。

（4）操作完毕，核对正确，信号确认复归，汇报调度，通知相关运维人员操作结束。

（5）若此操作关联现场其他操作或工作，监控员应根据现场操作汇报情况做好调度自动化系统中挂牌置位工作，确保调度自动化系统与实际相符。

4. 归档

（1）操作完毕，检查操作票，盖已执行章。

（2）安全员检查核对操作票，按月汇总上报中心安全员。

5. 远方操作调度典型操作任务规范

（1）单母、单母分段接线的线路操作：

1）××线由运行改为热备用；

2）××线由热备用改为运行。

（2）正、副母接线的线路开关操作：

1）××线由正（副）母运行改正（副）母热备用；

2）××线由正（副）母热备用改正（副）母运行。

（3）正、副母分段接线的线路开关操作：

1）××线由正（副）母×段运行改正（副）母×段热备用；

2）××线由正（副）母×段热备用改正（副）母×段运行。

6. 操作过程其他要求

（1）计划性开关远方操作，地调调度宜提前一天预令给各级监控，以便安排操作人员。

（2）监控人员根据调度预令拟写操作票并进行审核。

（3）调度员下令开关常态化远方操作执行完毕后，由当值监控员通知运维单位检查现场设备情况，运维单位将一、二次设备检查情况汇报当值监控员后，监控员向调度汇报操作完成情况。

（4）监控员操作完毕后要做好总结评估工作。

第八章　电网限额管理

第一节　限额管理规定

一、限额类别

（一）长期限额

长期限额分线路的静态输送限额和主变的静态输送限额。线路静态输送限额表每年发布一次，分春秋冬季和夏季。线路的静态输送限额受导线、线路开关、线路刀闸、阻波器、电流互感器等设备和站内间隔的设备连线、阻波器下引线的共同制约，在运行中按其中最小允许值控制。每年迎峰度夏前后，应根据发布的限额进行全面核对和维护。

（二）临时限额

临时限额是因电网运行方式变化，需要临时控制部分断面、主设备的输送限额。当运行方式恢复时，限额取消。

（三）检修限额

检修限额是因电网部分设备停役检修，需要控制相关断面或运行设备的输送限额。当检修工作结束，恢复正常运行方式时，限额取消。

二、限额控制规定

（1）设备不得无限额运行。设备限额发布后，地区调控应在调度技术支持系统中完成设备限额设置，值班监控员应根据相关限额监视设备输送潮流，严禁超限额运行。

（2）安排方式时，做好预控措施，确保正常情况下不发生越限，在可能越限的情况下明确限额监视要求和调节手段。

（3）控制限额可能需要限制负荷的，须在方式安排时提前告知营销部门做好用户通知工作；所限负荷不在超电网供电能力拉电序位表、事故拉电序位表的，要求营销部门执行有序用电措施，确保不超限额运行。

第二节 限 额 监 视

在 OPEN3000 系统中设置限额监视画面，根据监视需要分为主设备限额、断面稳定限额等几类，如图 8-1、图 8-2 所示，报警值设置一般为限额值的 90%～95%。同时地区监控班根据需求，将大于限额值 80%～85%的主变、线路等设备设置重载监视界面，用于重载设备预警。

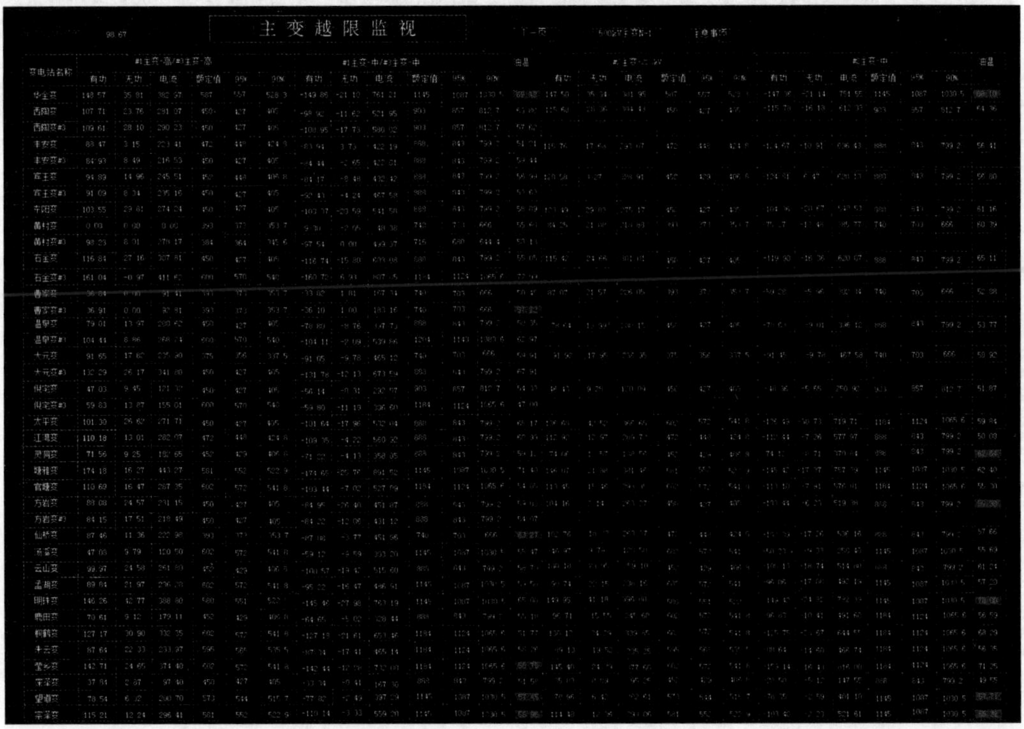

图 8-1 主变限额监视

有临时限额或检修方式限额的监视需求时，由调控员告知监控员，再由监控员通知自动化运维人员，在方式变动前做好限额监视画面的参数设置。临时限额或检修方式限额取消后，由调控员告监控员，监控员通知自动化运维人员，将限额从实时限额监视画面中取消。

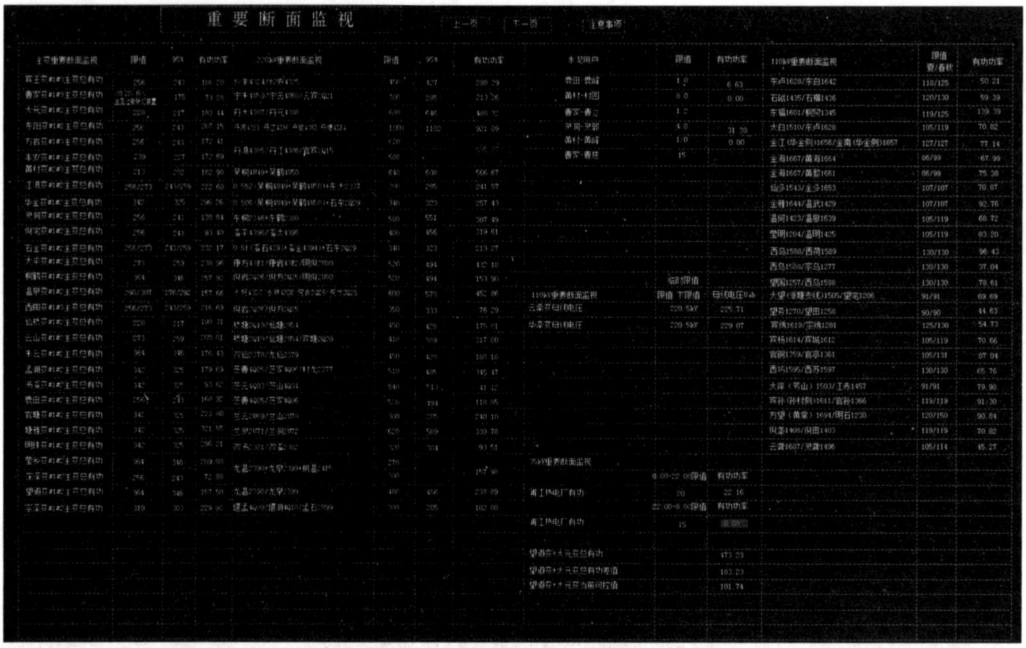

图 8-2　断面限额监视

第三节　电网超限控制

一、控制措施

（1）监控系统告警提示限额越限预警时（通常为限额的 90%～95%），调度员可采取的主要控制措施如下：

1）调整相应电厂的出力。

2）请求省调电厂协助。

3）调整电网运行方式。

4）通知营销部和相关县调做好负荷控制，对负荷数量和时间提出明确要求。

（2）一般情况下调整运行方式可能会造成电网薄弱、操作风险或者另外的限额问题，需要综合评估。如果设备正常，考虑限值的裕度时参照设备输送限额相关规定执行。

二、限额控制

（1）监控系统告警提示超 100%限额越限时，经上述手段调整后设备或断面超限仍未消除的，汇报领导后进行拉限电。按照事先准备的超供电能力限电序位表进行拉限电。若拉限电后仍不满足需求，则汇报领导后，按照负荷重要性以择轻避重的原则进行拉限电，通知营销部门，以确保断面或设备不超限为原则，并做好记录。

（2）地区调度接到上级调度提出的限额控制时，应按照要求及时执行限额控制，并做好记录。

三、限额运行后评估

（1）每月定期对设备的超限情况进行统计分析。超限情况统计表格式如表 8-1 所示。

表 8-1　　越限断面统计表

序号	断面	限额	越限次数	本月越限最大值	本月越限最大持续时长			累计越限时长	备注
1									
2									
3									

（2）定期对设备运行进行后评估，分析总结制定后续预控措施。内容包括：潮流越限情况后评估、潮流重载情况后评估，对越限情况进行原因分析和问题跟踪。

第九章　无功电压控制

第一节　无功电压控制规定

一、控制原则

（1）各级调度机构按调管范围负责地区电网各级运行电压的监视、调整和控制，无功电压管理的基本原则是分层分区、就地平衡，应优先采用AVC自动控制。值班调度员和监控员严格按照省调无功电压控制要求进行监控。

（2）对特殊运行方式，包括节假日、迎峰度夏大负荷、特殊天气、电网特殊停电方式，根据需要进行无功电压研究分析，制定专项电压控制预案。值班调度员和监控员严格按照专项控制预案进行监控。

二、电压允许偏差范围

正常运行方式时，变电站220kV母线电压允许偏差为系统额定电压的－3%～＋7%（214～236kV）；故障运行方式时为系统额定电压的－5%～＋10%。发电厂和220kV变电站的110～35kV母线正常运行方式时，电压允许偏差为系统额定电压的－3%～＋7%；故障运行方式时为系统额定电压的±10%。地区供电负荷的变电站和发电厂（直属）的10（6）kV母线，正常运行方式下的电压允许偏差为系统额定电压的0～＋7%。

第二节　无功电压调整措施

一、无功调节常用措施

（1）发电厂、变电站电网电压调整和无功控制采取就地补偿原则，应优先采用

AVC 自动控制，兼顾上、下级电网无功电压的调节，提高电网整体电压合格率。当本级调度机构电压超出规定范围且无调整能力时，应首先会同下级调度机构在本地区内进行调节，经过调整电压仍超出合格范围时，可申请上级调度机构协助调整。

（2）调度机构应根据情况采取必要措施调整电网无功，主要措施包括：

1）调整无功补偿装置运行状态。

2）调整调压变压器分接头位置。

3）调整电网运行方式，改变潮流分布，包括转移或限制部分负荷。

4）调整发电机无功功率。

5）调整风电场的风电机组、光伏电站的并网逆变器、新能源电站 SVG 装置的无功出力。

6）其他可行的调压措施。

调度机构值班监控员负责监控范围内变电站无功电压的运行监视和调整，依照有关部门下达的监视参数进行运行限额监视，发现变电站电压、功率因数越限，应立即采取措施，调整电压、功率因数在合格范围内。

二、变电站的无功和电压调整

（1）地县各级调度机构值班监控员根据监控范围，负责监视变电站母线电压，根据电压曲线和相关规定的要求进行电压调整和无功补偿装置投退；若采取有关措施后，电压、功率因数仍不能满足要求，值班监控员应及时汇报值班调度员协助调整，涉及上下级调度的应及时联系上下级值班监控员，由上下级值班监控员协助调整。

（2）值班监控员做好变电站无功补偿装置及调压装置正常监视工作，发生设备故障告警时，通知变电运维人员进行检查处置，保持设备完好状态，确保无功补偿装置及调压装置可用率达到要求。

三、发电厂的无功和电压控制

（1）发电厂运行值班人员应密切监视本厂母线电压，按照调度部门下达的无功出力或电压曲线进行机组无功调整，严格控制母线电压。当调整发电机无功出力达到最大进相或滞相能力后，母线运行电压仍超出电压曲线范围时，应及时向地调值班调度员汇报。

（2）高峰负荷时，应按发电机 $P—Q$ 曲线所规定的限额增加发电机无功出力，使母线电压逼近电压控制值的上限运行。低谷负荷时，应按发电机最高允许功率因数降低发电机无功出力，使母线电压逼近电压控制值的下限运行。

（3）轻负荷时，使母线电压在电压控制值上下限之中值运行。

（4）带有地区负荷的220kV发电厂，可在220kV母线电压不超出合格范围的前提下尽量满足110/35kV母线电压曲线运行。

（5）当发电厂母线电压接近上限时，机组应采取高功率因数运行，即机组发电功率因数保持在0.99（滞后）以上；有进相能力的电厂可按进相运行规定采取进相运行，但事先应得到地调值班调度员的许可，事后应及时向地调值班调度员汇报，并做好运行记录。

（6）当发电厂母线电压偏低接近下限时，机组应尽可能地增发无功功率；当母线电压低于下限时，可以采取压部分有功增发无功的措施，但应及时向地调值班调度员汇报并应得到许可。

（7）节假日等特殊时段，调度部门对发电机无功出力有特殊要求时，发电厂应按调度部门要求执行。

（8）在正常方式下，应根据省调下发的季度电压控制曲线按逆调压原则进行调压工作，在系统出现电压偏离电压控制曲线趋势时主动进行调节，在10min内控制到正常电压范围内。

（9）各地区应按相关要求配置低电压自动减负荷装置或集中切负荷装置。

（10）在调度支持系统主站无法进行变电站无功设备调整操作时，值班监控员应将变电站无功补偿装置投切和主变有载分接头调挡委托运维单位。

第三节　电压异常处理

当接到220kV、110kV、35kV电压超过电压曲线上限汇报时，地调值班调度员可以采取退出电容器、投入电抗器、调整电网潮流、改变网络接线、机组浅度进相、通知县（配）调协助控制，尽快将电压控制到允许偏差范围以内。当系统严重高电压情况下，地调值班调度员可采取机组深度进相、拉停相关线路等措施，同时应向地调主管领导汇报。

当接到220kV、110kV、35kV电压低于电压曲线下限汇报时，地调值班调度员可以采取退出电抗器、投入电容器、调整电网潮流、改变网络接线、增加机组无功输出、通知县（配）调协助控制，尽快将电压控制到允许偏差范围以内。当系统严重低电压情况下，为尽快使电压恢复至最低允许运行电压以上，地调值班调度员可按照已批准的过负荷能力调整发电机出力（如电网频率允许，亦可采取降低发电机有功、增加无功出力），以及限制有关地区负荷直至发令拉闸限电等措施。

第四节　AVC 系统异常处理

一、控制原则

各级 AVC 系统无功电压优化控制范围原则上应与调度管辖范围相一致。各级 AVC 系统除了保证本级系统的无功电压优化控制外，上级 AVC 系统应兼顾下级 AVC 系统的调控要求，下级 AVC 系统应在可调范围内严格执行上级 AVC 系统给出的控制指令，做到上下级 AVC 系统良好协调控制。地、县调按调度管辖范围负责其 AVC 主站系统的调控运行、维护和管理。变电站无功补偿设备停役操作前，操作现场必须做好禁止 AVC 远方遥控操作该设备的技术措施。

二、异常处理

AVC 发生异常，在采取下面措施前均需告知地区调控中心无功管理专职，由无功管理专职给出处置建议。具体处置要求如下：

（1）系统电压超出紧急区域时，AVC 系统应自动退出运行，值班监控员发现未自动退出要立即汇报值班调度员，并告知无功专职，由值班调度员许可值班监控员将 AVC 系统手动退出。

（2）当发生电网故障、通信通道异常、县调 AVC 子站异常，影响安全运行时，值班监控员将 AVC 子站退出，并及时向所管辖的值班调度员汇报，值班调度员应及时告知无功管理专职。

（3）值班监控员发现地调 AVC 主站出现控制异常，应及时将 AVC 主站退出闭环控制（闭环改为开环），汇报地调值班调度员和无功管理专职，并通知自动化值班员检查处置。当地调 AVC 主站所控设备出现频繁控制失败，短时间不能恢复正常时，地调无功管理专职通知地调值班监控员，由值班监控员将异常的变电站改为开环运行。

（4）地调 AVC 主站与县调 AVC 子站闭环运行时出现故障时，如因故障造成临时信号中断时，县调调控员将 AVC 子站按地调主站上一日给出的日前电压、无功控制表执行；因故障造成长期信号中断，县调调控员将 AVC 子站按长期电压、无功控制表执行。

（5）接入 AVC 系统的变电站无功补偿设备及变压器有载分接头遇到特殊、异常时则采用人工干预。在 AVC 系统无法调节的情况下，由各级值班监控员按照地区公司无功设备投切控制规定进行人工调节，或通知运维单位启动厂站 VQC 调节。省地互联 AVC 系统地调子站的接入和退出与省调 AVC 主站的联合调节，应立即汇报省调，需经省调许可才能退出联合调节。

第十章　电网事故异常处置

第一节　事故等级与分类

《电力安全事故应急处置和调查处理条例》（国务院令〔2011〕第599号）定义了“特别重大、重大、较大、一般事故”电力安全事故。其中主要可能涉及地区电网的电力安全事故主要风险项目如表10-1所示。

表10-1　　　　　　　　电力安全事故主要风险项目

主要风险项目 事故级别	造成电网减供负荷的比例	造成城市供电用户停电的比例
重大事故（国网二级事件）	（1）电网负荷20000MW以上的省、自治区电网，减供负荷13%以上30%以下； （2）电网负荷600MW以上的其他设区的市电网，减供负荷60%以上	电网负荷600MW以上的其他设区的市70%以上供电用户停电
较大事故（国网三级事件）	（1）电网负荷20000MW以上的省、自治区电网，减供负荷10%以上13%以下； （2）其他设区的市电网减供负荷40%以上（电网负荷600MW以上的，减供负荷40%以上60%以下）； （3）电网负荷150MW以上的县级市电网，减供负荷60%以上	（1）其他设区的市50%以上供电用户停电（电网负荷600MW以上的，50%以上70%以下）； （2）电网负荷150MW以上的县级市70%以上供电用户停电
一般事故（国网四级事件）	（1）区域性电网减供负荷4%以上7%以下； （2）电网负荷20000MW以上的省、自治区电网，减供负荷5%以上10%以下； （3）其他设区的市电网，减供负荷20%以上40%以下； （4）县级市减供负荷40%以上（电网负荷150MW以上的，减供负荷40%以上60%以下）	（1）其他设区的市30%以上50%以下供电用户停电； （2）县级市50%以上供电用户停电（电网负荷150MW以上的，50%以上70%以下）

对于地区电网而言，一次性减供全网负荷比例在20%以上（或30%用户以上用户停电）即构成事故。对于县级市而言，一次性减供负荷比例在40%以上即构成事故。

《国家电网公司安全事故调查规程》（国家电网安监〔2011〕2024号）将安全事

故分为八级，其中一～四级事件对应于国务院法规中特别重大、重大、较大、一般事故。同时要求五级以上事件，应立即上报至国家电网公司。六级以上事件中断安全日。

一、五级电网事件可能涉及地区电网运行的主要内容

（1）造成电网减供负荷100MW以上者。

（2）220kV以上电网非正常解列成三片以上，其中至少有三片每片内解列前发电出力和供电负荷超过100MW。

（3）220kV以上系统中，并列运行的两个或几个电源间的局部电网或全网引起振荡，且振荡超过一个周期（功角超过360°），不论时间长短，或是否拉入同步。

（4）变电站220kV以上任一电压等级母线非计划全停。

（5）220kV以上系统中，一次事件造成同一变电站内两台以上主变压器跳闸。

（6）500kV以上系统中，一次事件造成同一输电断面两回以上线路同时停运。

（7）±400kV以上直流输电系统双极闭锁或多回路同时换相失败。

（8）500kV以上系统中，断路器失灵、继电保护或自动装置不正确动作致使越级跳闸。

（9）电网电能质量降低，造成下列后果之一者：

1）频率偏差超出以下数值：在装机容量3000MW以上电网，频率偏差超出（50±0.2）Hz，延续时间30min以上；在装机容量3000MW以下电网，频率偏差超出（50±0.5）Hz，延续时间30min以上。

2）500kV以上电压监视控制点电压偏差超出±5%，延续时间超过1h。

（10）一次事件风电机组脱网容量500MW以上。

（11）1000MW以上的发电厂因安全故障造成全厂对外停电。

（12）地市级以上地方人民政府有关部门确定的特级或一级重要电力用户电网侧供电全部中断。

二、六级电网事件可能涉及地区电网运行的主要内容

（1）造成电网减供负荷40MW以上100MW以下者。

（2）变电站内110kV（含66kV）母线非计划全停。

（3）一次事件造成同一变电站内两台以上110kV（含66kV）主变压器跳闸。

（4）220kV（含330kV）系统中，一次事件造成同一变电站内两条以上母线或

同一输电断面两回以上线路同时停运。

（5）±400kV 以下直流输电系统双极闭锁或多路回路同时换相失败；或背靠背直流输电系统换流单元均闭锁。

（6）220kV 以上 500kV 以下系统中，断路器失灵、继电保护或自动装置不正确动作致使越级跳闸。

（7）电网安全水平降低，出现下列情况之一者：

1）区域电网、省（自治区、直辖市）电网实时运行中的备用有功功率不能满足调度规定的备用要求。

2）电网输电断面超稳定限额连续运行时间超过 1h。

3）220kV 以上线路、母线失去主保护。

4）互为备用的两套安全自动装置（切机、且负荷、振荡解列、集中式低频低压解列等）非计划停用时间超过 72h。

5）系统中发电机组 AGC 装置非计划停用时间超过 72h。

（8）电网电能质量降低，造成下列后果之一者：

1）频率偏差超出以下数值：在装机容量 3000MW 以上电网，频率偏差超出（50±0.2）Hz；在装机容量 3000MW 以下电网，频率偏差超出（50±0.5）Hz。

2）220kV（含 330kV）电压监视控制点电压偏差超出±5%，延续时间超过 30min。

（9）装机总容量 200MW 以上 1000MW 以下的发电厂因安全故障造成全厂对外停电。

（10）地市级以上地方人民政府有关部门确定的二级重要电力用户电网侧供电全部中断。

第二节　电网事故处置原则

一、故障处置原则

（1）迅速限制故障的发展，消除故障根源，解除对人身、电网和设备的威胁，防止稳定破坏、电网瓦解和大面积停电。

（2）及时调整电网运行方式，电网解列后要尽快恢复并列运行。

（3）尽可能保持正常设备继续运行和对重要用户及发电厂厂用电、变电站用电的正常供电。

（4）尽快对已停电的用户和设备恢复供电，对重要用户应优先恢复供电。

二、故障处置的一般规定

（1）电网发生故障时，故障单位应立即向值班调度员简要汇报，并尽快开展现场检查，检查结束后向值班调度员详细汇报。简要汇报的内容包括事故发生的时间、现象、跳闸开关、继电保护及安全自动装置动作、电网和相关设备潮流、电压、频率的变化等有关情况。详细汇报的内容包括现场一二次设备检查情况、设备能否运行的结论、处置建议以及现场工作和天气情况。原则上单一故障的简要汇报时间不超过 5min，详细汇报时间不超过 15min。

（2）对于无人值班变电站，应由负责监控的调控机构监控员向地调值班调度员简要汇报，并迅速联系人员尽快赶往现场检查。在运维人员赶到现场前，监控人员还应会同运维站（班）远程收集故障信息并向地调值班调度员详细汇报。运维人员赶到现场后，应第一时间通过录音电话告知地调，并立即开展现场检查，在到达现场后 15min 内向值班调度员补充汇报现场检查情况。具有视频监控系统和保护信息管理系统子站的，应立即进行设备远程巡视和保护动作分析。

（3）无人值守变电站站内设备故障（如母线差动、主变压器差动和重瓦斯等保护动作），在运维人员赶到现场并汇报检查结果之前，地调值班调度员不应轻易决定对站内设备进行强行恢复处理。经分析认为是线路故障，且具备远方试送条件时，地调值班调度员可以对线路进行试送操作。

（4）故障处置时，应严格执行发令、复诵、汇报和录音制度，应使用统一调度术语和操作术语，指令和汇报内容应简明扼要。

（5）故障处置期间，故障单位的值长、值班长应坚守岗位进行全面指挥，并随时与地调值班调度员保持联系。如确要离开而无法与地调值班调度员保持联系时，应指定合适的人员代替。

（6）为迅速处理故障和防止故障扩大，地调值班调度员可越级发布调度指令，但事后应尽快通知省调或有关县（配）调值班调度员。

（7）电网故障处置完毕后，地调调度员按事故调查规程的要求，填好事故报告，认真分析并制定相应的反事故措施。

（8）地调值班调度员在处理电网故障时，只允许与故障处置有关的领导和专业人员留在调控大厅内，其他人员应迅速离开。必要时地调值班调度员可通知有关专业人员到调控大厅协助故障处置。被通知人员应及时赶到，不得拖延或拒绝。

（9）非故障单位不得在故障当时向地调值班调度员询问故障情况，以免影响故障处置。

（10）重大或紧急缺陷作为故障类处理，缺陷单位应立即清楚、准确地向地调值班调度员报告设备缺陷情况，并给出设备是否继续运行、对其他设备有无影响的结论。值班调度员有权改变电网的运行方式，必要时可紧急召集相关人员进行协商处理。

（11）在故障处置时，地区电网各级调控机构负责处置直调范围电网故障，各级调控中心和现场值班人员应服从地调值班调度员的统一指挥，迅速正确地执行地调值班调度员的调度指令。凡涉及对电网运行有重大影响的操作，如改变电网电气接线方式等，均应得到相应值班调度员的指令或许可。

（12）在设备发生故障、系统出现异常等紧急情况下，各级调控中心值班监控员和变电运维站（班）值班人员应根据相关值班调度员的指令遥控拉合开关，完成故障隔离和系统紧急控制。在台风等可预见性自然灾害来临之前，调控机构可视灾害严重程度决定将受影响的受控站监控职责移交相应变电运维站（班）；受影响的无人值班变电站应提前恢复有人值班；在变电站恢复有人值班模式期间，与地调联系的变电运维人员应具备接受地调命令的相关资质；双方在联系过程中，仍应坚持使用“三重命名”的发令形式，并严格遵守发令、复诵、录音、监护、记录等制度及相关安全规程要求。

（13）为了防止故障扩大，凡符合下列情况的操作，可由现场自行处理并迅速向值班调度员作简要报告，事后再做详细汇报。

1）将直接对人员生命安全有威胁的设备停电。

2）在确知无来电可能的情况下将已损坏的设备隔离。

3）运行中设备受损伤已对电网安全构成威胁时，根据现场运行规程的故障处置规定将其停用或隔离。

4）当母线失电时，将母线上的各路电源开关拉开（除指定保留开关外）。

5）发电厂厂用电全部或部分停电时，恢复其电源。

6）发生有蔓延趋势的火灾、水灾等，根据现场运行规程进行电气隔离。

7）其他在调度规程或现场规程中规定，可不待值班调度员指令自行处理的操作。

（14）发生重大设备异常及电网故障，地调值班调度员在故障处置告一段落后，应将发生的故障情况迅速报告调度控制室主任（调度班长）和地调主管领导。

（15）在调控大厅的地调领导或调度控制室主任（调度班长），应监督值班地调调度员正确进行故障处置。在必要时，应对值班调度员做出相应的指示。地调领导或调度控制室主任（调度班长）认为地调值班调度员故障处置不当应及时纠正，必要时可由地调领导或调度控制室主任（调度班长）直接指挥故障处置，但有关的调度指令应通过调度控制室主任（调度班长）、值班调度员下达。

（16）当发生影响电力系统运行的重大事件时，相关调控机构在按调管范围组织处置的同时，还应按《国家电网公司调度系统重大事件汇报规定》向上级调控机构汇报。

（17）负荷批量控制操作适用于特高压等严重故障可能造成大面积停电事件的应急处置。负荷批量控制功能正常为封锁状态，故障处置情况下经地调值班调度员解锁后方可开放操作。故障处置结束后，由地调值班调度员重新封锁操作权限。地调值班调度员执行负荷批量控制操作后，及时将执行情况通报各相关县（配）调。负荷批量控制操作执行后，在系统具备送电条件时，按照“谁发令、谁恢复”和“谁管辖、谁操作”的原则，有序恢复送电。未经地调值班调度员许可，各县（配）调值班调度员不得自行恢复负荷批量控制执行的拉路限电开关及负荷。

第三节　典型电网故障的调度处置

一、线路故障处置

（1）线路跳闸后（包括重合不成），值班监控员、厂站运行值班人员及输变电设备运维人员应立即收集故障相关信息并汇报值班调度员，并明确是否具备试送条件，由值班调度员综合考虑跳闸线路的有关设备信息并确定是否试送。若有明显的故障现象或特征，应查明原因后再考虑是否试送。

（2）试送前，值班调度员应与值班监控员、厂站运行值班人员及输变电设备运维人员确认具备试送条件。若跳闸线路涉及无人值守变电站且具备监控远方试送操作条件的，应进行监控远方试送。

（3）在变电运维人员到达无人值守变电站现场前，调控中心和运维站（班）应远程收集监控告警、故障录波、在线监测、视频监控等相关信息，共同分析判断，由监控员汇总并在事故发生后 15min 内向调度员详细汇报，详细汇报的内容应包括现场天气情况、一二次设备动作情况、故障测距以及线路是否具备远方试送条件。当以下条件同时满足，方可向调度员汇报无人值守变电站具备远方试送操作条件：

1）线路全部主保护正确动作、信息清晰完整，且无母线差动、开关失灵等保护动作。

2）保护动作行为或故障录波数据（如能远程调阅）表明不存在明显误动、拒动、越级跳等情况。

3）通过视频监控系统未发现跳闸线路间隔设备有明显漏油、冒烟、放电等现象。

4）跳闸线路间隔一、二次设备不存在影响正常运行的异常告警信息。

5）跳闸线路开关切除故障次数未达到规定次数。

6）输变电设备在线监测系统未显示跳闸间隔存在变电设备报警类信息或者输电设备一级告警信息。

7）开关远方操作到位判断条件满足两个非同样原理或非同源指示“双确认”。

8）集中监控功能（系统）不存在影响远方操作的缺陷或异常信息。

（4）当遇到下列情况时，调度员不允许对线路进行试送：

1）值班监控员、厂站运行值班人员及输变电设备运维人员汇报站内设备不具备试送条件或故障可能发生在站内。

2）输变电设备运维人员已汇报线路受外力破坏或由于严重自然灾害、山火等导致线路不具备恢复送电的情况。

3）线路有带电作业，且明确故障后未经联系不得试送。

4）对新启动投产线路和正常不投重合闸的电缆线路。

5）相关规程规定明确要求不得试送的情况。

（5）线路故障跳闸后，一般允许试送一次。如试送不成功，一般应由线路运维单位进行故障巡线，明确故障原因后再进行处理。对于严重影响电网安全或可靠供电的重要线路，在短时间内无法判断是否具备试送条件的，值班调度员可以对线路进行一次强送。

（6）在对故障线路试送（或强送）前，值班调度员还应考虑以下事项：

1）正确选择送电端，防止电网稳定遭到破坏。在送电前，要检查有关主干线路的输送功率在规定的限额之内，必要时应降低有关线路输送功率或采取提高电网稳定的措施。

2）送电的线路开关设备应完好，且具有完整的继电保护。

3）对大电流接地系统，试送端变压器的中性点应接地；如对带有终端变压器的 220kV 线路送电，则终端变压器中性点应接地。

4）联络线路跳闸，送电端一般选择在大电网侧或采用检定无电压重合闸的一端，并检查另一端的开关确实在断开位置。

5）如跳闸属多级或越级跳闸者，视情况可分段对线路进行送电。

6）线路跳闸能否送电，送电成功是否需停用重合闸，或开关切除次数是否已到规定数，发电厂、变电站或变电运维站（班）值班人员应根据现场规定，向有关调度汇报并提出要求。

（7）有带电作业的线路故障跳闸后，值班调度员在线路故障试送前应与工作负责人联系确认。

（8）在线路故障跳闸后，值班调度员发布巡线指令的规定如下：

1）值班调度员应将故障跳闸时间、故障相别、故障测距等信息告诉巡线单位，尽可能根据故障录波器的测量数据提供故障的范围。运维单位应尽快安排落实巡线工作，长度 50km 及以内的线路一般应在 3 个工作日内完成巡线工作。线路较长、巡线工作要求较为复杂的，可适当延长，但最迟不应超过 5 个工作日。

2）地调值班调度员发布巡线指令时应说明线路是否带电；输电运检单位应提出停电检修的安全措施。

3）地调值班调度员发布的巡线指令有故障线路快巡、故障带电巡线、故障停电巡线、故障线路抢修等。四种指令不应同时许可。无论何种巡线指令，巡线单位均应及时回复调度最后的巡线结果和结论。

4）故障线路快巡一般用于天气晴好时发生的线路故障，巡线单位接到指令后应立即出发，根据故障信息和线路管理信息赶往现场检查线路走廊情况，一般不采用登杆、登山方式，应在一天内完成。

5）故障带电巡线指令的调度管理应参照线路带电作业的调度管理。在地调发布该指令后，等同于许可该线路的带电作业。该线路再次发生故障，地调值班调度员应先联系确认后再试送。

6）如果天气晴好（没有明显雷雨、大风或雾霾天气），线路跳闸重合成功或试送成功的，地调发布故障线路快巡指令，并等待结果决定线路是否继续运行。

7）如果线路跳闸停电的，是否先行试送根据线路性质（包括对电网的重要性和线路是否属于电缆、线路走廊巡线便利性）决定。若地调发布故障线路快巡指令，期间一般不再安排试送或者进一步的停役操作处理，等待巡线结果再行处置。

8）如果线路跳闸时明显有雷雨、大风或雾霾天气，线路跳闸重合成功或者试送成功的，发布故障带电巡线指令。

9）对重合不成不再试送和试送不成的，将线路两侧改检修后发布故障停电巡线指令。

10）对汇报有明显故障情况的，直接发布故障抢修指令。

（9）值班监控员加强对联络线输送潮流的监视，若超过线路或线路设备的热稳定、暂态稳定或继电保护等限额时，值班调度员应迅速降至限额之内，处理方法如下：

1）增加该联络线受端发电厂的出力。

2）降低该联络线送端发电厂的出力。

3）在该联络线受端进行限电或拉电，值班调度员应按电网实际运行情况合理确定拉、限电地点和数量。

4）改变电网接线，强迫潮流分配。

二、母线故障处置

（1）当母线发生故障停电后，值班监控员应立即报告地调值班调度员，并提供动作关键信息：是否有间隔失灵保护动作、是否同时有线路保护动作、是否有间隔开关位置指示仍在合闸位置。同时联系变电运维站（班）对停电母线进行外部检查，变电运维人员及时汇报地调值班调度员检查结果。

（2）母线故障处置原则：

1）母线故障系对侧跳闸切除故障，现场运维人员应自行拉开故障母线全部电源开关。

2）找到故障点并能迅速隔离的，在隔离故障后对停电母线恢复送电。若判断确定为某开关拒动（或重燃），应立即将该开关改为冷备用。

3）找到故障点但不能很快隔离的，若系双母线中的一组母线故障时，应迅速对故障母线上的各元件检查，确无故障后，冷倒至运行母线并恢复送电，对联络线要防止非同期合闸。

4）经外部检查找不到故障点时，应用外来电源对故障母线进行试送电。对于发电厂母线故障，有条件时可对母线进行零起升压。

5）如只能用本厂（站）电源进行试送电的，试送时，试送开关应完好，并将该开关有关保护时间定值改小，具有速断保护后进行试送。

（3）母线失电处置原则：

1）母线失电是指母线本身无故障而失去电源，一般是由于电网故障，继电保护误动或该母线上出线、变压器等设备本身保护拒动，而使连接在该母线上的所有电源越级跳闸所致。

2）判别母线失电的依据是同时出现下列现象：该母线的电压表指示消失；该母线的各出线及变压器负荷消失（主要看电流表指示为零）；该母线所供厂用电或所用电失电。

3）当发电厂母线电压消失时，发电厂值班人员应立即拉开失压母线上全部电源开关，同时设法恢复受影响的厂用电。有条件时，利用本厂机组对空母线零起升压，成功后将发电厂（或机组）恢复与电网并列，如对停电母线进行试送，应尽可能利用外来电源。

4）当变电站母线电压消失时，经判断并非由于本变电站母线故障或线路故障开关拒动所造成，现场值班运行人员应立即向地调值班调度员汇报，并根据地调要求自行完成下列操作：单电源变电站，可不做任何操作，等待来电；多电源变电站，为迅速恢复送电并防止非同期合闸，应拉开母联开关或母分开关并在每一组母线上保留一个电源开关，其他电源开关全部拉开（并列运行变压器中、低压侧应解列），等待来电。涉及黑启动路径的变电站按当年《地区电网黑启动方案》执行。馈电线开关一般不拉开。

5）发电厂或变电站母线失电后，现场值班运行人员应根据开关失灵保护或出线、主变压器保护的动作情况检查是否系本厂、站开关或保护拒动，若查明系本厂、站开关或保护拒动，则自行将失电母线上的拒动开关与所有电源线开关拉开，然后利用主变压器或母联开关恢复对母线充电。充电前至少应投入一套速动或限时速动的充电解列保护（或临时改定值）。

三、变压器及电压互感器故障处置

（1）变压器开关跳闸时，地调值班调度员应根据变压器保护动作情况进行处理。

1）变压器重瓦斯和差动保护同时动作跳闸，未查明原因和消除故障之前不得试送。

2）变压器差动保护动作跳闸，一般不进行试送。经外部检查无明显故障，变压器跳闸时电网又无冲击，有条件时可用发电机零起升压。特殊情况下，经设备主管部门同意后可试送一次。

3）重瓦斯保护动作跳闸后，即使经外部检查和瓦斯气体检查无明显故障也不允许试送。除非已找到确切依据证明重瓦斯误动，并经消缺后方可试送。如找不到确切原因，则应经设备运维单位试验检测证明变压器良好，并经设备主管部门同意后才能试送。

4）变压器后备保护动作跳闸，经外部检查无异常可以试送一次。

5）变压器过负荷及其异常情况，按现场规程规定进行处理。

（2）电压互感器异常或故障时处置原则：

1）不得用近控方法操作异常运行的电压互感器的高压隔离开关。

2）不得将异常运行电压互感器的二次回路与正常运行电压互感器二次回路进行并列。

3）不得将异常运行的电压互感器所在母线的母差保护停用，也不得将母差改为单母方式。

4）异常运行的电压互感器高压隔离开关可以远控操作时，可用高压隔离开关进行隔离。

5）母线电压互感器无法采用高压隔离开关进行隔离时，可用开关切断该所在母线的电源，然后隔离故障电压互感器；线路电压互感器无法采用高压隔离开关进行隔离时，直接用停役线路的方法隔离故障电压互感器。此时的线路停役操作，应正确选择解环端。对于联络线，一般选择用对侧开关进行线路解环操作。

四、接地故障处置

（1）当中性点不接地系统发生单相接地时，地调值班调度员应根据接地情况（接地母线、接地相、接地信号、电压水平等异常情况）及时处理。

（2）尽快找到故障点，并设法排除、隔离。

（3）永久性单相接地允许继续运行，但一般不超过 2h。

（4）寻找单相接地故障的顺序如下：

1）配有完好接地选线装置的变电站，可根据其装置反映情况来确定接地点。

2）将电网分割为电气上互不相连的几部分。

3）停空载线路和电容器、电抗器组。

4）试跳（或试拉）线路长、分支多、负荷轻、历史故障多的线路。

5）试跳（或试拉）分支少、负荷重的线路，最后停重要用户线路，但应事先通知客户服务中心。在紧急情况下，重要用户来不及通知，可先试跳（或试拉）线路，事后通知客户服务中心。

6）双母线的变电站，对重要用户的线路不能停电时，可采用倒母线的方式来寻找故障线路。

7）对接地母线及有关设备详细检查。

（5）试跳（或试拉）电厂联络线时，电厂侧开关应断开。

（6）在寻找单相接地故障时，必须注意：

1）接地故障的线路，有负荷可调出的应立即调出。

2）严禁在接地的电网中操作消弧线圈。

3）禁止用隔离开关断开接地故障。

4）保护方式或定值是否变更。

5）设备是否可能过负荷或因过负荷跳闸。

6）防止电压过低影响用户。

7）消弧线圈网络补偿度是否合适。

8）查出故障点，应迅速处理。

9）小电流接地系统，当判明是系统谐振时，值班调度员可改变电网参数，予以消除。严禁采用隔离开关操作电压互感器改变电感参数的方法。

（7）双路高压供电用户在电源倒换操作时，严禁将故障线路并入非故障线路。

五、电网黑启动

电网黑启动是指整个电力系统因故障全部停电后，利用自身的动力资源（柴油机、水力资源等）或外来电源带动无自启动能力的发电机组启动达到额定转速和建立正常电压，有步骤地恢复电网运行和用户供电，最终实现整个电力系统恢复的过程。

地区电网内部具有黑启动电源，则可内部黑启动电源开启后自行恢复110kV及以下电网，并在合适地点与主网同期并列的方案。

地区电网内部没有合适的黑启动电源，则应在省调黑启动方案的基础上，待地区内220kV厂站带电后快速恢复本地区电网，以及配合省调尽快恢复主要厂站厂（所）用电的方案。

黑启动要求如下：

（1）黑启动时，应对调度管辖范围内电网进行分区，每个分区应有一到两处黑启动电源。同时并行地进行恢复操作，任一子电网如因某些不可预料的因素导致恢复失败，不应影响其他子电网的恢复进程。

（2）在直流电源消失前，在确认设备正常后，具有黑启动电源厂站的现场运行人员应自行拉开所有除“保留开关”以外的其他开关。

（3）各启动子电网中具有自启动能力的机组启动后，为确保稳定运行和控制母线电压在规定范围，需及时接入一定容量的负荷，并尽快向本子电网中的其他电厂送电，以加速全电网的恢复。

（4）子电网内机组的并列，应根据机组性能合理安排机组恢复顺序，尽快完成子电网内机组间的同期并列；对子电网间的并列，各子电网之间在事先确定的同期点实现同期并列，逐步完成全电网的恢复。

（5）为避免发生低频振荡，应尽量不用机组的快速励磁，并投入机组 PSS；尽可能先给就近机组供电。若发生低频振荡，可通过调整网络结构来调整潮流，并进行控制。

（6）黑启动过程中应优先恢复水电等调节性能好的机组发电，承担调频调压的任务。负荷恢复时，先恢复小的直配负荷，再逐步恢复较大的直配负荷和电网负荷；允许同时接入的最大负荷量应确保电网频率下跌值小于 0.5Hz；一般一次接入的负荷量不大于发电出力的 5%，同时保证频率不低于 49Hz。

（7）为避免充电空载或轻载长线路引发高电压，可采取发电机高功率因数或进相运行、双回路输电线只投单回线、在变电站低压侧投电抗器、切除电容器，调整变压器分接头，增带具有滞后功率因数的负荷等，应尽可能控制电压波动在 0.95～1.05 倍额定值之间。

（8）黑启动过程中所有保护正常投入，一般不进行保护定值的更改，此时后备保护可能失配，保护也有可能因灵敏度不足而拒动。

第四节　典型电网异常的调度处置

典型电网异常的调度处置如图 10-1 所示，具体各种异常的处置如下。

一、线路异常处置

（1）线路异常一般现象有线路断股、绝缘子损坏、异物缠绕等。

（2）线路异常的一般处置要求如下：

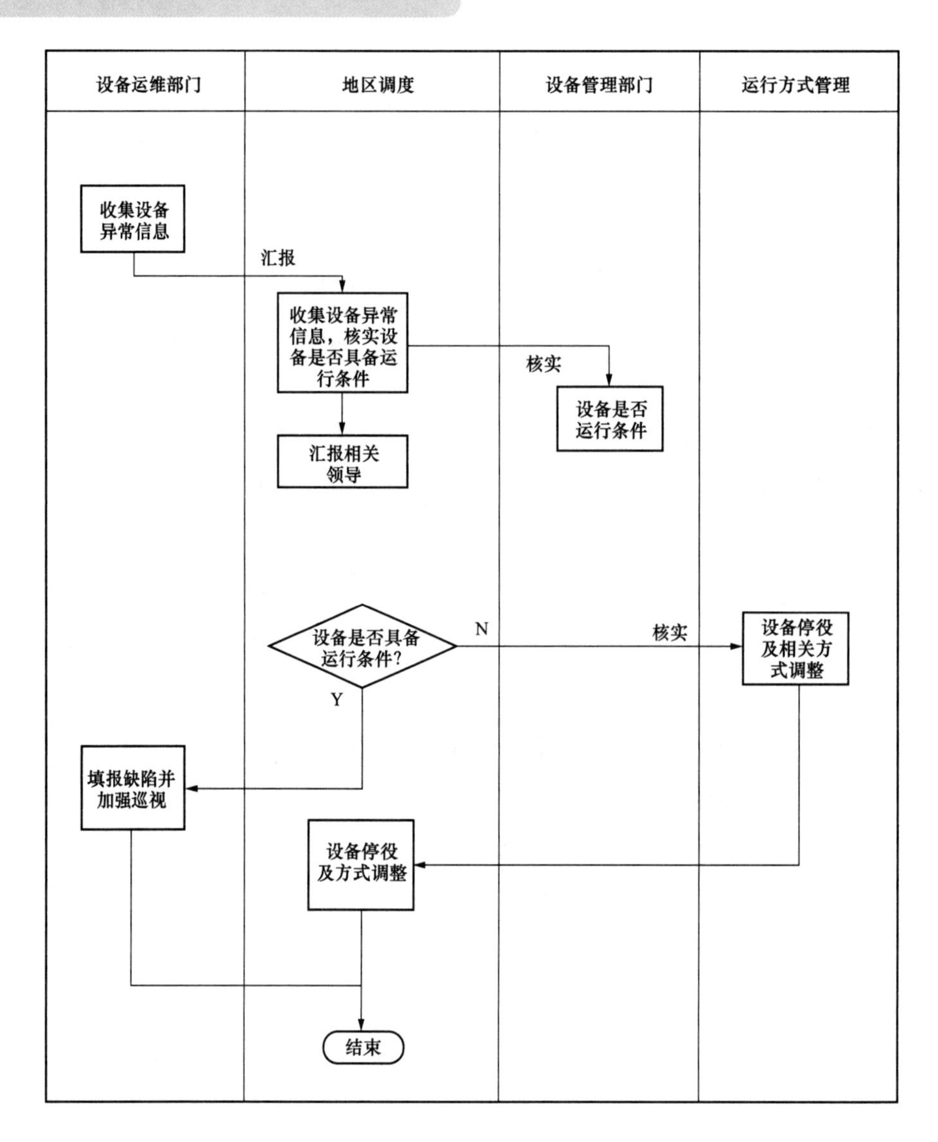

图 10-1　典型电网异常的调度处置流程图

1）值班调度员在接到线路异常汇报后，应立即通知输电运维人员到现场检查，并汇报相关领导。

2）若需停用线路重合闸或拉停线路的，应通知变电运维人员到送、受端变电站。

3）值班调度员将线路异常情况通知运检部专职，运检部应提供线路异常处置结论。涉及省调调管线路的，应及时向省调汇报。

4）输电运维人员到达现场后，详细汇报线路异常情况，并给予线路是否具备运行的结论。线路不具备运行条件则迅速转移负荷，停役异常线路。在紧急情况下，可考虑监控遥控操作隔离故障。

5）如为带电作业，应明确是否停用重合闸等条件。

6）值班调度员做好相关事故预案，通知下级调控机构做好相关准备。

二、站内一次设备异常处置

处置流程如下：

（1）通知相关运维站派人至现场检查。

（2）询问清楚现场是设备具体缺陷，会引起哪些后果，缺陷情况是否有进一步严重的趋势。

（3）根据缺陷等级，通知变电检修室前往现场。检修可以配合操作，由运行人员继续操作；检修人员无法配合处理，需扩大安全措施处理的，则汇报领导。

（4）告知中心领导，并且告知是否牵涉到站内其他相关设备陪停。如果牵涉到运行方式的变化，需要运方人员配合调度员一起处理该缺陷。

1）若主变压器缺陷，记录主变压器运行数据，要求现场密切监视主变压器缺陷变化情况，特别要注意主变压器油温和负荷情况，以便调度员进行相应处理。

2）若开关分/合闸闭锁，有旁路开关情况下，首先应考虑旁路代，利用等电位操作隔离故障开关。在无旁路开关情况下，带有负荷的开关或空载运行主变压器高压侧开关发生分/合闸闭锁，在汇报相关部门后，再决定是否采用无电方式拉开开关两侧隔离开关来隔离开关。对空充短母线，汇报相关部门后决定。

3）隔离开关缺陷主要表现为发热，应立即采取各种必要措施降低发热设备负荷，并在最快的时间内控制负荷，如转移负荷或拉限电、使用旁路代，防止因为设备过热引发电网事故。在降低发热设备的负荷后，运维人员应加强对发热设备的监视和测温，并及时汇报，同时将缺陷汇报检修单位和相关部门。

4）电压互感器缺陷主要表现为熔丝熔断、异响或外部变形，电压互感器熔丝熔断现象为熔断相电压明显降低或接近为零，其余相别电压不变。电压互感器低压侧熔丝熔断可以带电更换，而高压侧熔丝熔断则需要将电压互感器停电改检修更换，并且电压互感器改检修时应注意二次侧的并列。对有明显故障的电压互感器禁止用隔离开关进行操作，也不得将故障的电压互感器与正常运行的电压互感器进行二次并列，应在尽可能转移故障电压互感器所在母线上的负荷后，用开关来切断故障电压互感器电源并迅速隔离。

5）电流互感器缺陷主要表现为异响和发热，当发现电流互感器有异常声响发出，尤其发出嗡嗡的声音的时候，有可能是电流互感器内部发生故障；如果发现取自该电流互感器的电流无显示或异常时，应立即通知检修单位和相关部门，并停役该电流互感器所在的设备。

三、站内二次设备异常处置

（1）处置流程：

1）通知运维人员赶往相关变电站，告知相关调度保护异常情况。

2）运维人员到达现场详细检查后告监控与调度设备实际情况。如保护由运维人员手动复归或自行复归情况下，核实设备正常即可；如保护异常无法消除，询问继保，要求提供该保护是否仍能正常工作的结论。

（2）如相关保护可能通过重启即恢复正常的情况下，经继保建议后，重启相关设备一次。重启时需要注意：

1）双重化配置的继电保护装置，其中一套保护装置运行异常时，地调当值发令将异常的保护改为“信号”状态后，许可变电站运行人员将异常的保护装置重启一次。运维人员重启保护装置后，维持保护装置“信号”状态，并将重启情况汇报地调当值。

2）当仅有的一套保护装置运行异常时，经地调当值同意后，运维人员自行将保护装置改为“信号”状态后重启一次。变电站运行人员重启保护装置后，自行将保护恢复至“跳闸”状态，并将重启情况汇报地调当值。

3）智能变电站内智能终端、合并单元等设备的重启由变电站运行人员负责，无需地调当值同意或许可。

（3）保护异常无法继续运行时，当保护配置为两套时，其中一套保护异常时，需要将该套保护改为信号(纵联保护则对侧也需改信号),不需调整其他保护的定值；当保护配置为两套，两套保护均异常，或单套配置保护异常时，有旁路的变电站考虑旁路代路，无旁路变电站在停役线路前通知运检和部门主管领导，并告知下级调度及时转移停役线路负荷。

四、调度自动化系统异常处置

（1）地调值班监控员立即停用 AVC（自动电压无功控制）系统，通知运维单位对相关厂站进行人工调整。

（2）通知各厂站加强监视设备状态及线路潮流，发生异常情况及时汇报。

（3）通知相关调控机构自动化系统异常情况，各调控机构应在保证系统频率的基础上，按计划严格控制联络线潮流在稳定限额内。

（4）值班监控员通知相关输变电设备运维单位并将监控职责移交至输变电设备运维人员。

（5）调度自动化系统全停期间，除电网异常故障处置外，原则上不进行电网操作、设备试验。

（6）必要时启用备调，根据应急预案采取相应的电网监视和控制措施。

（7）因调度自动化系统异常影响到值班调度员对数据的统计及管理时，值班调度员应及时与自动化值班人员联系，自动化值班人员应及时通知有关人员处理，短时无法恢复时应采用人工方法统计生产数据，保证调度工作的正常进行。

五、调度通信联系中断处置

（1）调度通信联系中断时，各相关单位应积极采取措施，尽快恢复通信联系。在未取得联系前，通信联系中断的调控中心、厂站运行值班单位及输变电设备运维单位，应暂停可能影响系统运行的设备操作。

（2）当厂站与调控机构通信中断时：

1）有调频任务的发电厂，仍负责调频工作，其他各发电厂协助调频，各发电厂和变电站还应按规定的电压曲线调整电压。

2）发电厂和变电站的运行方式，尽可能保持不变。一切预先批准的计划检修项目，此时都应停止执行。

3）正在进行检修的设备，若在通信中断期间工作结束，则转入备用，暂不恢复。

（3）凡涉及电网安全问题或时间性没有特殊要求的调度业务，失去通信联系后，在与值班调度员联系前不得自行处理；紧急情况下按厂站规程规定处理。

（4）通信中断情况下，出现电网故障，应按以下原则处置：

1）当电网频率异常时，调控机构及相关电厂按频率异常处置规定处理，按计划控制联络线潮流，并加强监视，控制线路输送功率不超稳定限额。如超过稳定极限，应自行调整出力。

2）电网电压异常时，值班监控员、厂站运行值班人员应及时按规定调整电压，视电压情况投切无功补偿设备。

3）通信恢复后，有关值班调度员、值班监控员、厂站运行值班人员及输变电设备运维人员应立即向值班调度员汇报通信中断期间的处置情况。

六、变电站火灾处置

（1）在变电站发生火灾后，值班监控员做好相关变电站运行监视。值班调度员通知变电运维人员到现场处置，并将情况汇报相关领导。

（2）变电运维人员应在规定时间内向地调调度员汇报检查情况、判断结论、现场处置情况及需调度处置的建议。

（3）值班调度员在接到处置建议后进行及时处置，若造成站内设备全停，涉及重要用户停电的还应及时通知营销部门，做好站用电保供措施。

（4）停电用户恢复供电。火灾故障引起220kV变电站110kV母线停电后，值班调度员应尽快采取措施恢复110kV母线供电。需经110kV线路开关倒送转供110kV母线及三台（含）以上主变压器时，应优先考虑110kV线路直接改为运行状态，对停电用户快速送电。当且仅当因励磁涌流等引起送电失败后，再考虑逐级送电方式。

第十一章　调度系统事故处置预案

第一节　编　制　原　则

一、预案分类

1. 年度典型预案

年度典型预案是针对本电网年度典型运行方式的薄弱环节，根据电网规模设置预想故障，编制年度典型运行方式故障处置预案。

2. 特殊运行方式预案

针对重大检修、基建或技改停电计划导致的电网运行薄弱环节，及新设备启动调试过程中的过渡运行方式，设置预想故障，编制相应预案。

3. 应对自然灾害预案

应对自然灾害预案是根据气象统计及恶劣天气预警等情况，针对可能对电网安全造成严重威胁的自然灾害，编制相应预案。

4. 重大保电专项预案

重大保电专项预案是针对重要节日、重大活动、重点场所及重要用户保电要求，设置预想故障，编制相应预案。

5. 其他预案

指针对其他可能对电网运行造成严重影响的故障，编制相应预案。

二、专业职责

故障处置预案由调控运行专业牵头编制，其他专业配合审核。预案编制过程中，各专业应按职责范围与相关部门和单位沟通协调。各专业具体职责如下：

（1）调控运行专业：根据电网运行情况或相关专业发布的正式预警通知，牵头组织编制预案，提出预想故障发生后调度实时处置步骤及电网运行控制要点。

（2）系统运行专业：根据运行方式分析电网薄弱环节，向调控运行专业发布正式预警通知；对预想故障发生后及调度处置过程中的运行方式进行校核计算和调整建议，提出电网运行控制措施。

（3）继电保护专业：根据电网继电保护运行方式分析电网薄弱环节，向调控运行专业发布正式预警通知；对预想故障发生后及调度处置过程中的继电保护运行方式进行校核计算和调整建议。

（4）水电及新能源专业：根据气象、水情预警等情况，向调控运行专业发布正式预警通知；对预想故障发生后及调度处置过程中的水电及新能源运行方式提出调整建议。

（5）自动化专业：根据自动化设备、通信设备运行方式分析电网薄弱环节，向调控运行专业发布正式预警通知；提出预想自动化设备、通信设备故障发生后相关调整建议。

三、预案编制要求

（1）预案应包括工作场所、事件特征、现场应急人员及职责、现场应急处置、行政汇报及到场技术支援、注意事项等关键要素。关键要素必须符合单位实际和有关规定要求。

（2）事故预案应具备针对性、实用性和时效性。避免出现事故预案内容流于形式、执行存在空挡、编制草草了事的局面。根据检修方式下电网的薄弱环节，综合分析人员、设备、环境、流程制度及科技预测手段，合理编制面向实际、执行力强、实用性高的事故预案。

（3）调控机构编制重要用户、直调电厂事故预案；重要用户、直调电厂根据调度事故预案编制各自的处置手册，并报送调控机构备案。

第二节　年度典型预案

年度典型预案编制的内容包括地调、县调预案，主要应包括调管范围内涉及的故障分析、受影响的重要用户、负荷转移策略及处置步骤等。

预案应具备规范的格式，主要包括编号、标题、类别、控制策略及附录等内容。年度典型预案模版如表 11-1 所示。

表 11-1　　年度典型预案模版

编号、标题
【编制：编制人】
（一）正常方式
（二）接线图
（三）负荷情况
××变#1 主变为三绕组变，容量××MVA，#2 主变为三绕组变，容量××MVA，夏季预计最大负荷可达××MW。
相关厂站负荷情况：
220kV 变电站：
110kV 变电站：
35kV 变电站：
（四）仙桥变 220kV 全停的事故预想
1．事故后方式
- 220kV 方式：
- 110kV 方式：
- 35kV 方式：
- 外围负荷变化：

2．事件等级评估
几级电网事件。
3．影响区域简述
影响区域重要用户列表：
4．事故后电网接线图
5．事故后处理原则
1）重点控制
2）具体方式
a）调整阶段
- 尽快判别事故全停原因。
- 按省调要求拉开主变 220kV 开关。

调整阶段流程如下：
b）恢复阶段
恢复阶段流程如下：
（五）××变主变故障的事故预想
1．事故后方式
- 220kV 方式：
- 110kV 方式：
- 35kV 方式：

2．事件等级评估
几级电网事件。
3．影响区域简述
4．事故后处理原则
1）重点控制
2）具体方式
a）速控阶段
b）调整阶段
c）恢复阶段
恢复阶段流程如下：
（六）××变母线故障的事故预想
1．事故后方式
- 220kV 方式：
- 110kV 方式：
- 35kV 方式：

2．事件等级评估
几级电网事件
3．影响区域简述

续表

4．事故后电网接线图
5．事故后处理原则
1）重点控制
2）具体方式
a）速控阶段
b）调整阶段
调整阶段流程如下：
c）恢复阶段
调整阶段流程如下：
（七）××变直流偏磁的事故预想
××变共安装1台主变中性点隔直装置，列表如下：

变电站	主变编号	型式	容量（MW）	地区	负荷占比（%）	隔直装置	重要（高危）负荷所在110千伏变电站

第三节 特殊运行方式预案

一、特殊运行方式预案

（1）计划停役检修工作引起的电网风险，事故预案由拟票值编制，当值、过值调度员、调控长及班组长审核；如有涉及表11-2所示风险，需要编制事故预案。

表11-2 编制事故预案的重大停电方式

序号	事　由
1	五级及以上电网风险的工作，如220kV及以上母线非计划全停，同一变电站内2台220kV主变压器全停，特级或一级重要用户停电风险
2	三座及以上110kV变电站全停风险
3	市区一座及以上110kV变电站全停风险
4	上级调度要求的事故预案
5	故障后引起的电网风险
6	其他班组认为有必要编制的

（2）事故情况下，事故预案由事故处理当值调度编制。

（3）有停电风险的检修工作需编制事故预想单，拟写相应的调度处置操作。

二、预案内容

预案包括检修项目、事故前运行方式、事故预想，模版如表11-3所示。其中，事故预想分事故后状态、事故处理方法、注意事项三部分。

（1）检修项目：此处写需编写事故预案的检修项目。

（2）事故前运行方式：此处应为事故前电网运行方式。

（3）事故后状态：此处应为事故后电网运行方式。

（4）事故处理方法：此处应为事故后的处理方法。

（5）注意事项：此处应为事故预案中需要注意的事项。

为了提高事故预想单的可操作性，调度员应根据需要提前拟写相应的调度处置操作票，包括受令单位、操作内容、发令时间、发令人、监护人、汇报人、汇报时间等因素。

表11-3　　特殊运行方预案模版

<table>
<tr><td colspan="4">预案编号：YYMM××</td></tr>
<tr><td colspan="4">检修项目：
1．×年×月×日-×年×月×日，××××××变电工作。
2．×年×月×日-×年×月×日，××××××输电工作。</td></tr>
<tr><td colspan="4">事故前运行方式：
1．××××××××××。
2．××××××××××。</td></tr>
<tr><td colspan="4">事故后电网状况：
1．全停变电站及母线：××××。
2．备自投动作或失去备用的变电站：
（1）××××××××××。
（2）××××××××××。
3．事故后电网越限情况。</td></tr>
<tr><td colspan="4">事故处理方法：
1．××××××××××。
2．××××××××××。
注意事项：
1．××××××××××。
2．××××××××××。</td></tr>
<tr><td>预想人</td><td></td><td>日期</td><td>YYYY年MM月DD日</td></tr>
<tr><td>审核人</td><td colspan="3"></td></tr>
<tr><td>批准人</td><td colspan="3"></td></tr>
</table>

第四节　应对自然灾害及重大保电专项预案

一、应对自然灾害及重大保电专项预案类型

预案应每年或一定时期更新，包括所有管辖范围内变电站，主要有以下类型：

（1）迎峰度夏、迎峰度冬、节假日等保供电事故预案，重点关注负荷重、供电可靠性高的区域。

（2）防汛防台、抗冰灾、火灾等专项事故预案，重点关注易受水淹变电站、容易结冰的线路等区域。

（3）“两会”“G20”等专项重大保供电事故预案。

（4）特高压事故预案。

二、值班场所备调预案

（1）主调应针对可能发生的突发事件及危险源制定备调启用专项应急预案，预案应包括组织体系、人员配置、工作程序及后勤保障等内容。

（2）备调应针对可能发生的突发事件及危险源至少制定以下预案：①备调场所突发事件应急预案；②备调技术支持系统故障处置方案；③备调通信系统故障处置方案。

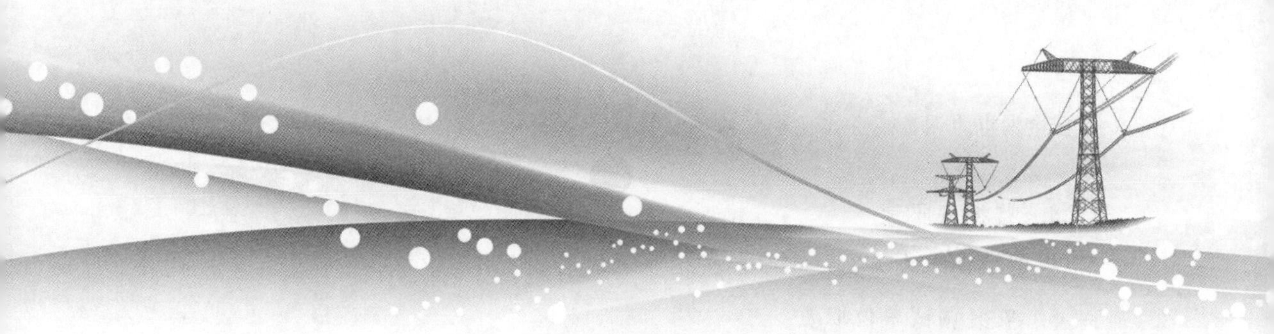

第十二章　新设备投运及退役管理

第一节　信　息　联　调

一、总则

为规范市级供电企业调度技术支持系统监控信息联调验收工作，确保监控信息联调验收工作安全、有序、高效开展，依据《浙江省电力公司调控信息接入管理标准》（Q/GDW 11-093-2012-20606）并结合工作实际情况特制定本规定。

本规定适用于市级供电企业调控中心开展监控信息接入调度技术支持系统的联调验收工作。

二、职责分工

调控中心各部室职责如下：

1. 自动化室职责

（1）负责编制联调验收方案，组织开展监控信息联调验收。

（2）协调解决监控信息联调验收中遇到的问题。

（3）负责对变电站监控信息联调验收申请的受理和批复。

2. 自动化运维班职责

（1）负责监控信息联调验收工作中主站端技术支持。

（2）根据联调验收方案，参加监控信息联调验收工作，详细记录并完成联调验收报告等相关资料。

（3）负责信息联调验收期间主站侧安全措施的落实。

3. 调度控制室职责

（1）参与联调验收方案的审核。

（2）参与联调验收报告的审核。

4. 监控班职责

根据联调验收方案，参加监控信息联调验收工作。

5. 安装调试单位职责

（1）负责变电站监控信息现场联调方案的编制。

（2）负责变电站监控信息联调验收工作变电站端的配合和安全措施的落实工作。

6. 分中心（县级调控中心）职责

（1）负责县域范围内 35kV 变电站监控信息图模库维护、传输通道开通、监控信息数据接入及联调验收等工作。

（2）受地区调控中心委托并在其监督管理下，开展县域范围内 110kV 变电站监控信息图模库维护、传输通道开通、监控信息数据接入及联调验收等工作，做好联调验收报告及相关资料上报地区调控中心工作。

三、监控信息联调验收的总体要求

（1）监控信息联调验收严格按照监控信息表（含信息接入对应关系）开展。

（2）运行变电站的信息联调验收原则上采用实际传动试验的方式，不具备条件的可采用不停电联调方式。

（3）新改扩建变电站监控信息联调验收工作必须在工程验收结束前完成。

（4）同一调控中心或分中心最多同时安排 2 个变电站信息联调验收。

（5）监控信息联调验收应根据 Q/GDW 1799.1—2013《电力安全工作规程（变电部分）》要求，严格执行《浙江电网自动化主站“两票三制”管理规定（试行）》，履行所需工作手续，并做好相关组织措施、技术措施和安全措施。

（6）监控信息联调验收的时间。

1）整站信息联调验收，220kV 变电站原则上为 5 天/站，110kV 变电站原则上为 3 天/站。

2）单间隔信息联调验收，原则上主变压器（含三侧）间隔为 2 天/间隔；其他间隔为 1～2 天/间隔（串）。

（7）监控信息联调验收工作应设立工作小组，人员不少于 2 人，由自动化运维班和监控班派员参加。

（8）遥测、遥信联调验收工作由自动化运维人员负责核对，监控员配合；遥控（调）联调验收工作由监控员负责操作，自动化运维人员配合。

（9）监控信息联调验收的正确性判定。

1）遥测信息正确性，主站接收数据与变电站侧数据方向一致、数据综合误差±1%范围内为合格；遥信信息正确性，主站接收信息状态与变电站侧实际状态一致为合格，同时应按监控信息表要求上送SOE信息。

2）遥控（调）试验的正确性，变电站接收指令与主站发送指令一致，变电站确认操作正确且返回主站的相关信息正确为合格。

（10）监控信息联调验收的核对方式。

1）遥测、遥信信息正确性的核对，宜采用主站与变电站监控系统两台远动通信工作站分别全核对方式。

2）遥控（调）试验，应采用主站分别对变电站监控系统1号远动通信工作站、2号远动通信工作站的所有传输通道进行每个控点全部试验的方式。

（11）联调过程中如遇紧急突发情况，应立刻中断联调工作；如发现监控信息表错误等情况，应及时上报监控信息管理专职并记录信息。

（12）联调验收过程中，应根据联调验收情况逐条核对、逐一记录并签名留底，形成联调验收记录，工作结束后编制主站联调验收报告。

四、监控信息联调验收的实施

（一）监控信息联调验收的必要条件

（1）调度技术支持系统运行正常，主站与变电站传输通道及规约均调试正常。

（2）主站已完成联调变电站的图模库维护（包括间隔图、光字牌索引图、光字牌图及保护画面制作、模型生成、信息点录入、告警分类、光字牌定义、通道参数配置等）工作，信息对象、参数、序号和画面链接正确。

（3）变电站站内监控系统调试工作已完成，远动通信工作站已完成监控信息表下装配置。

（4）变电站监控信息联调验收方案已编制完成，联调验收申请已批复，联调验收资料准备完毕，主站工作票已签发。

（二）监控信息联调验收工作步骤

监控信息联调验收工作分为安措部署、遥测遥信核对、遥控（调）试验和资料总结。

（1）监控信息联调验收前，做好联调责任区、联调验收人员权限的设置。做好工作交底，操作票交接，明确操作范围、安全注意事项。

（2）遥测遥信核对遥测信息正确性核对的先后顺序以变电站实际工作顺序为准，逐条核对，逐一验收。

（3）遥控（调）试验遥控（调）试验的先后顺序以主站发令顺序为准，逐一各通道试验。

（4）验收结束后及时编制主站联调验收报告，并于2个工作日内报送自动化室专项负责人审核联调工作票、联调记录表等资料记录的完整性，组织编制主站联调报告并报送自动化室，完成相关资料的归档。

五、责任考核

（1）监控信息联调验收工作纳入公司对调控机构考核内容，在年度专业考核中体现。

（2）监控信息联调验收工作未按本制度规定执行的，公司内部进行通报批评，并限期整改。

第二节　新设备启动投产管理规定

一、计划投运前要求

凡属地调度和许可的设备在新、扩改建工程施过中，工程建设主管单位应在计划投运前按照浙江电网新设备启动有关调度理规定的要求及时提供技术资料及设备参数。调度机构应参与工程投产工作，负责接入电网运行方式计算、保护整定、安排自动化设备接入方式，编制新设备投产（试验）调度启动方案等工作。

二、新设备命名

并网主设备按调度范围划分原则由管辖的调度机构命名。220kV线路由省调按上级调度机构划分的编号范围命名，110kV线路由地调按省调划分的编号范围命名，35kV及以下线路由县（配）调按地调划分的编号范围命名，城区（市本级）配网35kV线路由地调命名。

三、启动投产前要求

（1）投产前要求：值班调度员接到设备竣工验收结束汇报，现场设备质量符合安全运行要求，设备载流能力已经运检部门核定，正式资料完备，启动范围内的全部设备具备启动条件，接收到新设备启动申请单和调度启动方案。

（2）启动投产拟票及预令要求值班调度员根据启动方案负责启动票拟写，拟票时间原则上是投产前七天，启动票经多值审核后预发，预令时间原则上是启动投产前两天；预令时间有特殊要求的需经调度分管主任、调控室主管或调度班班长同意。

（3）新设备投运启动前需由现场运维负责人向值班调度员汇报新设备情况、可否投入系统运行的结论性意见。汇报结束后，未经调度指令（许可）不得进行任何操作和工作。设备报投后由值班调度员按启动方案投运新设备。

（4）投产前一天值班调度员按照启动会议纪要摆好启动前状态，摆好状态后汇报投产负责领导，同意后方可启动投产工作。在正式投产前要核对状态，包括现场设备的实际状态。

四、启动投产时要求

（1）调控机构在启动投产时需做好职责分工，新设备启动投产按照需求采用现场和非现场启动投产两种方式进行。

（2）投产操作严格使用已预发的操作票进行操作。若因现场实际需要进行操作调整，则需得到现场调控中心负责人、调控室主管或调度班班长同意，增加的操作记录在投产记录本中。

（3）在业务联系时应使用普通话、调度术语和操作术语（见地区调规），互报单位、姓名，严格执行发令、复诵、录音、监护、记录和汇报制度。

（4）投产应做好记录，记录内容包括启动投产项目名称，投产时间，操作指令（经增加或修改），投产总结（包括方式情况）等。

（5）现场启动投产要求。

1）人员安排：地调调度班指定专人担任现场启动调度正、副值。现场调度正值作为本次启动调度操作负责人全面负责启动投产调度，为启动调度第一安全责任人。现场调度副值负责启动票拟写、操作等工作，负责整理启动投产相关配合操作票，服从正值工作安排。

2）现场调度启动投产资料及设备应整齐、完备，内容包括新设备申请单、启动方案、启动操作票、整定单；与启动相关联设备的申请单、操作票；调度联系人员名单；投产记录本、录音笔和安全帽等工具。

3）调度员出入变电站一次设备区域按照现场规定必须戴安全帽。

（6）非现场启动投产要求。

1）地调调度班指定专人担任非现场启动调度正、副值，原则上一般安排拟票人员担任，正值作为启动操作主负责人，全面负责启动投产工作，副值作为监护人，负责监督正值操作，负责整理启动投产相关操作票，服从正值安排。

2）地调调度班安排专用投产录音电话，只负责接通与投产相关的电话。

（7）现场调度与非现场调度职责。

1）新设备投产工作由现场正值调度员统一负责，非现场值班调度员负责调度台日常调度工作。

2）启动投产前部分设备状态调整，需值班调度员和现场调度员协商一致，经现场调度员许可后才能操作。值班调度员操作后将状态及时移交给现场调度员，并告知投产现场的调控中心负责人或专业主管。

五、调度权移交

（1）现场调度员到达启动投产现场，申请调度权移交现场调度，应采用录音电话核对状态进行详细交接，交接完毕后告知运维值班员已将调度权移交现场调度。

（2）现场调度员离开启动投产现场前，申请调度权由现场调度员交回值班调度员，应采用录音电话，核对一、二次设备状态，对现场操作执行情况进行详细交接。值班调度员接受移交后在值班日志做好记录，通知变电运维值班员调度权已收回。

（3）移交内容要求。

1）当前电网运行方式，启动以及相关配合操作票的执行情况，未完成操作票注明已执行至哪一步。

2）双方明确当前启动操作情况后，统一协商后续操作，在纸质操作票上标注操作分工，双方确认交接内容正确无误后签字留底。

3）启动完毕后现场调度应在值班日志记录投产交底，交底内容应包括设备投产情况、投产启动遗留问题、电网运行方式恢复情况和其他特殊要求等。

第三节　集中监控移交

变电站集中监控许可管理：

（1）新（改、扩）建变电站在纳入调度集中监控业务前必须开展变电站集中监控许可工作，严格执行申请、审核、试运行、验收、评估、移交的管理流程。

（2）调度机构负责变电站集中监控许可归口管理，运维单位负责提交许可申请并配合开展相关工作，相关单位参与验收和评估工作。

（3）新建（含整站改造）的变电站，集中监控试运行期原则上不少于2周。已实施集中监控变电站的间隔扩建或设备改造，监控业务移交工作可简化，试运行期间由运维单位负责监控并承担相应安全职责。

（4）集中监控试运行期满后，调度机构开展变电站集中监控评估并明确是否具备集中监控条件，评估未通过，则运维单位应按要求组织整改，整改完成后由调度机构组织再评估。

第四节　设备调度退役管理

输电设备执行调度退役时，相关运行维护部门应上报退役申请单，写明退役设备、退役时间等内容，并在调度批复设备正式退役后，在指定退役时间开始日由值班调度员移交现场，做好后续运行维护工作安排。

变电设备由于改造等原因，若退出运行周期不超过6个月，相应设备间隔均执行调度退役手续，现场需完成间隔内的一、二次设备与运行母线、运行二次设备的安全隔离措施。若退出运行周期超过6个月的，相应设备需严格按照待用间隔要求纳入调度管辖范围，具体管理要求及流程参照相关待用间隔调度管理的相关规定执行。

第十三章　地方电厂大用户管理

第一节　并网运行管理规定

一、运行规定

（1）地方电厂及大用户正式并网前必须通过所辖调度机构组织的专业审查，地区调控应参与电厂投运前的验收工作。应具备的条件如下：

1）发电厂及大用户运行、检修规程齐备，相关的管理制度齐全，其中涉及电网安全的部分应与电网的安全管理规定相一致。电气运行规程、典型操作票和故障处置预案（含全停故障）制定完毕并报地调备案。

2）发电厂及大用户应按相关要求配置调度电话（两套完全独立的通信电路）、调度业务专用传真设备和调度语音录音系统。

3）发电厂及大用户具备接受调度指令的运行值班人员，已全部经有调度业务联系的调度机构培训考核，取得该调度机构管辖设备的运行值班技术资格并经主管单位批准，根据设备调管范围上报有关调度机构后，方可上岗。

（2）地方电厂或大用户应以书面形式与调控机构互换相关值班人员名单，调控员人员变动情况需及时书面告知对方。电厂或大用户人员变动需取得调控部门认可后再书面报送调控部门。

（3）地方电厂应按要求上报调度计划，地区调度员应按调度计划及负荷情况实行机组开停机工作。

（4）地方电厂及重要用户应制定全厂停电故障应急处置预案，并报相关调度机构备案。

（5）地方电厂及大用户应保障一次设备、继电保护及安全自动装置和涉及调度生产业务的通信、自动化设备的正常运行，及时处理缺陷。对于不按要求及时处理缺陷的，地调应报请市电力行政主管部门和相应的电力监管机构予以严肃处理并限期整改，对电网安全运行构成直接威胁或严重影响调度生产业务者可根据相关协议、合同和规定对该电厂及大用户采取解列或停电等措施。

二、地方电厂业务联系要求

（1）首先确认对方值班员为有资质人员，并严格遵守互报单位姓名、发令、复诵、录音、监护、记录制度，对重点环节加以解释，确保对方值班员对调度指令明白无误。当值调度员应当真实、完整的记录，并保存与对方联系的有关材料。

（2）电厂及大用户运行值班人员在运行中应严格服从值班调度员的调度指令，必须迅速、准确执行调度指令，不得以任何借口拒绝或者拖延执行。若执行调度指令可能危及人身和设备安全时，电厂及大用户值班人员应立即向值班调度员报告并说明理由，由值班调度员决定是否继续执行。

（3）属电力调控机构直接调度范围内的设备，必须严格遵守调度有关操作制度，按照调度指令执行操作；如实告知现场情况，回答值班调度员的询问。

（4）属电力调控机构许可范围内的设备，运行值班人员操作前应报值班调度员，得到同意后方可按照电力系统调度规程及现场运行规程进行操作。

（5）并网电厂应按照调度规程的要求参与电力系统调压。应严格执行电力调控机构下达的无功出力曲线（或电压曲线），保证电厂母线电压运行在规定的范围内。在电厂失去电压控制能力时，应立即报告调控机构值班调度员。

（6）电厂或用户正常设备倒闸操作时，为确保安全，一般在系统侧断开开关后，电厂或用户侧改冷备用，两侧改冷备用后，再同时下令两侧改检修。送电时，重点提醒电厂或用户侧检查接地线，确保不发生带电挂接地线、带接地合闸的恶性误操作事故。

（7）并网电厂机组、大用户自备机组并网、解列或增减出力须经值班调度员许可。

三、大用户业务联系要求

（1）值班调度员与用户进行业务联系，首先确认对方值班员为有资质人员，并严格遵守互报单位姓名、发令、复诵、录音、监护、记录制度，对重点环节加以解释，确保对方值班员对调度指令明白无误。当值调度员应当真实、完整记录和保存与对方联系的有关材料。

（2）因电网检修造成用户失去备用的，停电前当值调度通知用户做好事故预案；恢复后再次通知用户。因设备故障造成重要用户或高危用户失去备用或者停电的，除调度员通知用户外，还需通知营销部门。营销部门对用户的书面告知应在安监系统中予以确认。

（3）当执行有序用电时，地区调度机构应通知营销部门，对用户应及早通知到位。

（4）用户线路T接主网设备的，发生故障后应根据运维职责通知双方巡查设备。

（5）双（多）电源用户，改变供电方式（倒负荷）前必须经得值班调度员许可。对不允许并网的自备发电机组，不得私自并网发电。

（6）大用户的功率因数应达到《电力系统电压和无功电力管理条例》中的有关规定要求。用户的并联电容器组，应安装按功率因数和电压控制的自动控制装置，并有在轻负荷时防止向系统倒送无功功率的措施。

第二节　清洁能源管理

一、运行规定

（1）电力调度机构应对按照国家有关规定和保证可再生能源发电全额上网的要求，编制发电计划并组织实施。电力调度机构进行日计划方式安排和实时调度，除因不可抗力或者危及电网安全稳定的情形外，不得限制可再生能源发电出力。是否危及电网安全稳定的情形由电力监管机构认定。

（2）水电站应按有关标准建立水调自动化系统，风电场、光伏电站应按有关标准建立发电功率预测系统，并按调控机构要求传送相关信息。

二、水库调度

（1）水电厂（含抽水蓄能电站）应根据电网运行需要、水电厂特性和水库控制要求，充分发挥在电网运行中的调峰、调频、调压、事故备用和黑启动等作用。

（2）遇有影响水库运用的施工、检修或特殊用水要求时，水电厂应提前与调度机构沟通。当发生重大突发事件影响到水库调度运行时，水电厂应立即向调度机构报告并提供相关依据。

（3）调度机构和水电厂应与综合利用有关方面建立必要的联系和协调机制，统筹兼顾航运、供水、灌溉等综合利用需求，合理安排电网和水电厂运行方式，充分发挥水库的综合利用效益。

（4）当电网可能发生拉闸限电，或因系统调峰容量不足发生弃风、弃水时，在满足电网和电站安全运行、抽水蓄能电站和机组可调节范围内，应及时调用抽水蓄能机组运行。

三、风电场、光伏电站调度

（1）调度机构应合理安排电网运行方式，在确保电网安全稳定运行的前提下，优先调度并充分利用风、光能源。

（2）风电场并网应满足《风电场接入电力系统技术规定》相关要求。光伏电站并网应满足《光伏发电站接入电力系统技术规定》相关要求。风电场、光伏电站应满足调度机构的专业要求，确保安全并网和运行。

（3）风电场、光伏电站应具备自动发电控制（Automatic Generation Control，AGC）、电压无功自动控制（Automatic Voltage Control，AVC）等功能，有功功率和无功功率的动态响应特性应符合相关标准要求。

（4）风电场、光伏电站应按照电网设备检修有关规定将年度、月度、日前设备检修计划建议报调度机构，统一纳入调度设备停电计划管理。

第三节　电厂报表管理

一、数据上传要求

（1）并网电厂自动化系统应满足相关调度机构的要求，能实时上送发电数据。

（2）安防、自动化要求。

二、数据填报

（1）值班调度员登录电厂数据上报系统，如图 13-1 所示。

（2）值班调度员每日读取调度技术支持系统中电厂电量，根据电厂出力情况检查数据正确性。

（3）值班调度员打开电厂数据上报系统，进行相应的电厂电量数据填报，并经值内人员审核数据无误后保存提交。电厂电量系统数据填报界面如图 13-2 所示。

图 13-1 浙江电力调度电厂数据上报系统界面

日 期: 2017-07-04 查 询 地调: 宁波地调 县调: 测试至20号不限次数, 填报时间08:00-次日03:00

*平均气温: 28.5 (℃)
必填，取最高与最低气温的平均值。保留一位小数

*1.调度机端电量: 5704 (MWh)
自动计算值=2+7+11+12+13+14+17

*2.调度火电机端电量: 3615 (MWh)
自动计算值=3+4+5+15

*3.调度火电燃煤发电量: 2190 (MWh)

*4.调度火电燃气发电量: 985 (MWh)

*5.调度火电燃油发电量: (MWh)

*6.调度火电供热发电量: 3176 (MWh)

*7.调度水电机端电量: 434 (MWh)
自动计算值=8+10

*8.调度水电常规发电量: 434 (MWh)

*9.调度水电抽蓄发电量(仅发出电量): (MWh)

*10.调度水电潮汐发电量: (MWh)

*11.调度核电机端电量: (MWh)

*12.调度风电机端电量: 1655 (MWh)

图 13-2 调度电厂数据上报系统数据填报界面

第十四章　反事故演练

第一节　反事故演练规定

（1）调度反事故演练是考察调度、监控和相关专业等人员事故、异常应急处置能力的必要手段，也是调控运行培训的内容之一。

（2）调控机构应定期组织反事故演练，统一规范反事故演练工作的方案编制、组织形式演练流程。

（3）反事故演练一般可分为专项反事故演练、联合反事故演练（大面积停电演练、实操演练）和主备调切换演练三类。每一类演练包含演练方案、开展演练和评估总结三个阶段。演练可采用调度仿真系统进行演练。

（4）演练设置演练、导演和观摩点评等场所，满足演练和观摩点评需求，演练场所要与生产值班场所区分，若设置在值班场所则做好安全防范措施。

（5）演练场所要有独立的通信联络号码，区别于正常值班电话号码，大型联合反事故演练还需编制通信保障方案。

第二节　专项反事故演练

一、演练方案

（1）专项反事故演练需首先确定演练内容和时间，由导演编制演练初步方案，参与演练的演员以均衡安排为原则(建议每位调度、监控人员每年演练不少于 2 次)。

（2）演练方案应针对当前电网薄弱环节、运行方式变化、重大检修、重要保供电等因素，既要考虑常见故障，也要考虑对电网有重大影响的严重故障。演练方案内容需保密，演练开始前，除导演和主管领导外确保其他人员对方案一无所知。

（3）专项反事故演练方案主要包括初始运行方式、演练目的（考核点）、故障

设置及处理等。演练时间同步，演练前由总导演向各子导演进行对时，确保演练时间统一同步。

二、演练准备

（1）模拟电网初始运行方式，包括事故前电网接线和负荷情况，可通过图表的模式进行说明，如图 14-1 所示。

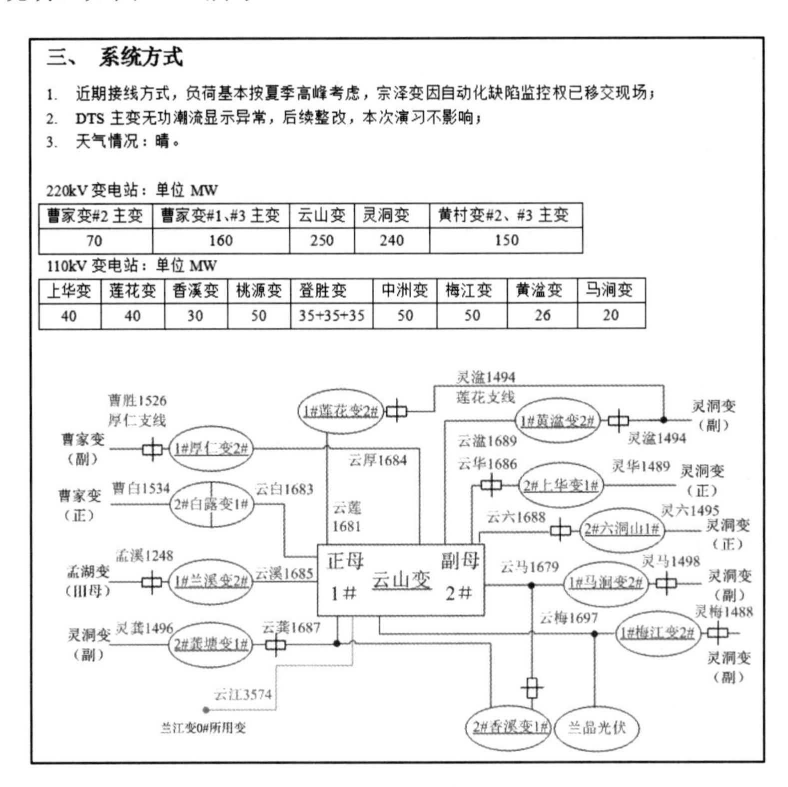

三、 系统方式

1. 近期接线方式，负荷基本按夏季高峰考虑，宗泽变因自动化缺陷监控权已移交现场；
2. DTS 主变无功潮流显示异常，后续整改，本次演习不影响；
3. 天气情况：晴。

220kV 变电站：单位 MW

曹家变#2 主变	曹家变#1、#3 主变	云山变	灵洞变	黄村变#2、#3 主变
70	160	250	240	150

110kV 变电站：单位 MW

上华变	莲花变	香溪变	桃源变	登胜变	中洲变	梅江变	黄溢变	马涧变
40	40	30	50	35+35+35	50	50	26	20

图 14-1　初始方式

（2）按照不同时期电网接线方式、负荷情况不同，明确演练目的和考核点。

（3）故障处理流程作为反事故演练方案的核心内容，需严格按照现实故障发生调控处置流程进行编写，并经过方式计划、继电保护和自动化等专业处室审核。按故障设置、事故现象、事故预定处理过程按个方面进行编制。

（4）故障设置采用不同类别故障进行组合，既要有能够处理的方法，又要有灵活变通的策略。事故现象应通过监控、厂站及用户等告警信息进行全面、准确地描述。根据事故现象，给出调控处置最佳处理方案，并在调控员培训仿真系统中录入演练方案。

三、开展演练

地调演练场所设置和通信联络方式满足一般规定中的要求。演练由总导演、子导演和演练对象组成，总导演可以由专业分管领导或专业管理室主管担任，子导演由专业技术人员担任，演练对象为调度、监控、自动化运维和运维值班等人员为主。演练开始前子导演、演员人员均到位并完成应答，演练在总导演统一指挥下进行，调控中心领导及相关部门参与观摩。在导演确定开始时间后，即按时演练。

1. 演练触发

子导演按时在调控员培训仿真界面触发演练方案。子导演模拟其他参演的各单位人员。故障发生后，监控演员、运维演员或子导演根据事故现象（监控告警信息窗如图 14-2 所示），立即清楚、准确地向地调演员报告下列情况：事故发生的时间、现象；跳闸开关名称；运行线路潮流、电压、频率的变化；继电保护、自动装置、故障录波器的信号动作情况；人员和设备损伤情况；天气等其他情况。

图 14-2　报警窗口展示监控信息

2. 调度演员处理事故要求

（1）服从统一安排。

（2）接到监控演员和运维演员汇报后，应迅速判断事故性质及影响范围，及时向监控演员或运维演员发布指令，用一切可能的方法保持非故障设备继续运行和不中断或少中断重要用户的正常供电，首先应保证发电厂厂用电及变电所所用电。

（3）及时向监控演员或运维演员发布指令，调整运行方式，尽速对停电地区（用户）恢复供电，特别是重要用户，要优先恢复供电。

3．监控演员处理事故要求

（1）迅速判断事故性质及影响范围，在调度调控员培训仿真系统（Dispatcher Training system，DTS）监控模块中进行信号识别，调取并收集相关信息，开展故障研判，形成故障简要汇报，在 5min 内向调度演员做好简要汇报，并做好记录。通知运维人员现场查看。

（2）在完成简要汇报后，进行监控仿真系统中进行深入分析，调取故障信息，向演练调度做好详细汇报。

（3）根据调度指令做好监控仿真系统中的模拟操作。

（4）子导演演练要求。子导演应根据地调演员的指令模拟不参与直接演练的单位在 DTS 进行操作，完成故障隔离和系统恢复。

4．演练过程中操作联系要求

导演、演员均要以严肃认真的态度对待演练，在演练过程中严格遵守调度规程相关规定，互报单位姓名，严格遵守发令、复诵、录音、监护、记录等制度，使用统一调度术语、操作术语和三重命名（变电所名称、设备名称、统一编号）。受令单位在接受调度指令时，受令人应复诵调度指令并核对无误，待下达正令时间后才能执行；指令执行完毕后应立即汇报，以汇报完成时间确认指令执行完毕。演练全程应作详细记录，有条件进行视频和电话录音。

四、演练评估

1．演练点评

演练结束后立即召开演练总结评价会对演练过程进行总结、评价。领导、相关专业人员和导演组对演员开展点评工作。

演练点评内容主要包括：对演员从事故判断、事故处理、电网恢复的正确性、果断性、快速性、调度术语、操作术语、联系汇报和演练态度等方面的评价，演员根据点评内容和演练进程做好演练总结报告。

方案点评：通过演练对方案的针对性、全面性和事故预案可执行性进行点评，形成方案点评报告。同时开展导演点评，对演练指挥的正确性、流畅性、演练态度等方面进行评价。演练完毕后由领导、相关专家进行成绩打分，成绩分为优、优下、良上、良、良下、及格和不及格。演员评分标准内容如图 14-3 所示。

国网金华供电公司调控中心

正值调度员反事故演习评分标准

姓名__________　　　　　　　　得分

考核指标		考核要点	考核细则	标准分	评分
一、操作规范				20	
1	调度操作规范性	发令正确，使用标准术语、吐字清晰，说明操作意图。操作执行复诵制度、操作时间。	1.发令不规范，未使用标准术语，发现一处扣 0.5 分，可累加，直至扣完标准分	2	
			2.未说明操作意图，发现一处扣 0.5 分，可累加，直至扣完标准分。	2	
			4.未执行复诵制度或复诵错误，发现一处扣 1 分，可累加，直至扣完标准分。	4	
			5.未给出操作时间，发现一处扣 1 分，可累加，直至扣完标准分。	2	
2	工作联系规范性	5 分钟内联系相关人员及单位。汇报记录完整、条理分明，用词简练、准确，无歧义	1.未按规定联系相关人员及单位，每次扣 0.5 分，可累加，直至扣完标准分	5	
3			2.汇报、记录不完整，每次扣 0.5 分，可累加，直至扣完标准分	5	
二、应知应会				15	
4	电网情况	熟悉系统接线、潮流分布、继电保护、自动装置配置情况、运行状态	全面：6~8 分	8	
			较好：5~6 分		
			基本：4~5 分		
5	相关资料	熟悉调规、继保运行规程、电网黑启动方案、相关事故预案等技术文件	全面：6~7 分	7	
			较好：4~5 分		
			基本：3~4 分		
三、故障处置流程				65	
6	信息收集	收集事故信息完整	信息遗漏，发现一处扣 0.5 分，可累加，直至扣完标准分。	10	
7	故障研判	根据所收集的信息迅速判断故障类型、事故严重程度及其对电网、设备、人身的危害程度	全面：8~10 分	10	
			较好：7~8 分		
			基本：5~7 分		
8	处置思路	故障处置思路清晰，能正确判断故障点并隔离，尽快恢复送电，处置过程得当，流程顺利，分清轻重缓急	全面：8~10 分	10	
			较好：7~8 分		
			基本：5~7 分		
9	处置建议	对事故进行分析并提出处置建议	故障后未提出处置建议。每次扣 0.5 分，可累加，直至扣完标准分	5	
10	处置过程	不出现原则性错误、不误投停保护、重合闸、自动装置、不发生因操作而引起的设备超限额运行。	1. 发生误调度、误操作、发生扩大事故，出现原则性错误扣 20 分。 2. 设备超限额运行未在规定时间内处置的扣 5 分，后续每超 1 分钟扣 5 分，可累加，直至扣完标准分。达到设备限额允许时间未处理可直接扣完	20	
11			2.出现误投停保护、重合闸、自动装置每次扣 1 分，可累加，直至扣完标准分。 3.出现断面越限，未在规定时间内处置的每超 5 分钟扣 5 分，可累加，直至扣完标准分。 4.对于全停的变电站，可以恢复送电而始终未恢复的，扣 10 分，送电时间超过 20 分钟的扣 2--4 分。	10	
合计				100	
四、其他（加减分项）				5	
12	方案评估	根据方案难易可酌情加分或者扣分	由集体商定是否加分或扣分。	2	
13	时间控制	考值时间严格按照要求，90 分钟	每超 2 分钟扣 0.5 分，最多允许超 12 分钟	3	
分数：					

说明：1.正值考试80分及以下视为不通过。
2.考评专家应按照上述评分标准，遵循“实事求是”的原则进行逐项打分。

图 14-3　演员评分标准

2. 演练总结

演练后导演、演员应提交演练报告，总结演练得失，提出最佳处理方案。演员总结可从演练概况经过、存在的问题、改进措施、会后点评及自我评定总结五个部分进行阐述，总结报告在演练结束三个工作日内报送导演。导演总结按演练初衷、考查要点、演练效果等方面进行分析，将演员报告进行汇总，形成演练最终报告，在演练五个工作日内报送总导演。

第三节　联合反事故演练

联合演练主要针对的是可能出现的需要多级调控机构协同处置的电网严重故障等情况，目的是检验突发事件应急预案，完善突发事件应急机制，提高调度系统应急反应能力。

一、演练原则

联合反事故演练一般由参加演练的最高一级调控机构组织，下级调控机构配合上级完成演练；各级调控机构负责其直接调管范围内的演练。联合反事故演练宜采用调度培训仿真系统，演练期间，应确保模拟演练系统与实际运行系统有效隔离，实际演练系统与其他无关演练的实际运行系统有效隔离。演练期间参演调控机构如出现意外或特殊情况，可汇报导演后退出演练；负责演练组织的调控机构演练期间如出现意外或特殊情况，可中止演练，并通知各参演单位。

二、演练分类

1. 典型演练

典型演练是以年度运行方式中迎峰度夏、度冬大负荷运行方式为基础，针对电网薄弱环节开展的联合故障处置演练。

2. 保电演练

保电演练是针对重大活动、重要节日、重点场所等保电任务的电网典型运行方式开展的联合故障处置演练。

3. 防灾演练

防灾演练是针对自然灾害对电网安全运行可能造成的严重影响，开展的联合故障处置演练。

4. 示范演练

示范演练是向观摩人员展示应急能力或提供示范教学，严格按照应急预案规定开展的表演性演练。

5. 其他演练

其他演练是针对其他可能对电网运行造成严重影响的故障，开展的联合故障处置演练。

三、组织构架

联合演练应设置总指挥，一般由组织联合演练的调控机构所属公司分管领导担任。参加联合演练的单位应分别设置领导组、导演组，必要时可以成立技术支持组、评估组及后勤保障组。

领导组负责联合演练全过程的领导和协调，组长一般由参演调控机构领导担任。

导演组负责联合演练的方案编制、演练实施等工作。导演组应包含系统运行专业、继电保护专业、设备监控专业人员，分别负责演练方案中电网方式调整策略及稳定限额校核、继电保护运行方式校核、监控信息校核。导演组内确定总导演（地县联合演练一般是地调分管领导担任）和各参演单位的分导演。

四、演练方案

演练方案编制包括演练工作方案、故障设置方案及展示方案。其中演练工作方案、故障设置方案由组织单位协调各参演单位编制；展示方案配合观摩使用，由各单位自行编制，召开导演会，讨论演练方案，对演练方案进行平衡，方案中还需增加安全措施，组织措施。

故障设置方案可以采用演练脚本的形式进行编写，其内容主要包含演练总体概述、初始运行方式、故障情景及处理要点、演练准备进度及时间安排、参演单位、相关要求和注意事项等内容。

五、演练准备

搭建演练平台，完成DTS、音视频系统、通信设施等演练平台的搭建及调试工作。开展预演练，在正式演练前，根据演练方案，对正式演练的各个环节进行预先模拟，考察演练流程的合理性及通信、自动化保障的可靠性，进一步完善演练方案。

（1）录入故障方案导演组在DTS系统中录入故障的同时，需通知自动化运维班负责DTS系统联调等技术支持；各参演运行单位要使用DTS客户端。

（2）通信保障方案。导演组根据演练一般规定要求做好专项通信保障方案编制，包括省地县导演、演员和电话会议系统三个部分。演练前及时通知信通公司布置演练电话，演练过程中导演组要采用电话会议系统实时指挥协调。

六、开展演练

联合反事故演练一般由分管领导担任总指挥，演练区和生产区要严格分开，在导演组经过领导组同意后开展演练。

1. 状态确认

各参演单位应按照演练方案中的规定，按时设定各次事故、异常以及其他情况；各参演单位确认演练平台运行正常、参演人员到位。各参演单位应有专人对参演人员进行安全监护，监护人员应落实到位，认真监护，确保不对设备进行实际操作。

2. 演练点名

按照导演组预点名、领导组预点名、导演组正式点名、领导组正式点名的次序，导演组、领导组点名应分别通过电话会议系统进行，调控人员在进行模拟操作和事故处理时应按照相关运行规定进行处理汇报，同时各参演单位导演应与标准时间对时。

3. 宣布演练开始

由总指挥宣布演练开始。演练中，总导演按照演练方案通过统一通信平台向各参演单位导演发出控制消息。各导演按照统一指示及预定演练方案控制本单位演练进度，逐步演练，直至全部步骤完成。各参演单位在演练过程中应严格执行各项规章制度。

4. 演练观摩

在演练实施过程中，演练组织单位安排专人或应用专用系统对演练过程进行解说或演示。解说或演示内容一般应包括背景描述、进程讲解、案例介绍、环境渲染等。进行现场直播方式展示演练进展，对演练、观摩现场进行实时音视频直播。在整个演练过程中，观摩演练的人员必须在指定范围内通过实时音视频直播观摩，不得影响和干预演练的正常进行。各参演单位应安排专人做好演练记录工作。

七、总结宣传

1. 点评总结

联合反事故演练结束后立即召开演练总结评价会对演练过程进行总结、评价。对演员评价主要从事故判断、事故处理、电网恢复的正确性、果断性、快速性、调度术语、操作术语使用情况、联系汇报制度执行情况、演练态度等方面进行。对导演评价主要从方案的针对性、全面性、导演的正确性、流畅性、演练态度等方面评价。演练结束后的一周时间内，各参演单位应先行做好本单位的演练总结，以便地调对反事故演练进行总结、交流经验教训。

2. 评价宣传

电网故障处置联合演练结束后，由组织演练的调控机构的评估组进行评价考核，并通报相关单位。调控机构应加强对联合演练全过程的内部宣传报道；参演调控机构应配合本单位新闻部门进行公共媒体报道。

八、其他情况

演练过程中如果运行系统发生实际事故，继续进行反事故演练将影响实际事故处理时，相关单位反事故演练指挥可以终止本单位反事故演练，并立即汇报地调。参演单位应采取适当方式及时向参演人员通报本系统事故及其他情况，导演负责本单位演练和整体反事故演练间的相互协调。各参演导演应及时与相关导演或指挥进行信息沟通，本单位演练内容全部结束后及时向地调和其他相关部门汇报并简要说明演练情况（包括参演单位情况和有无误调度、误操作等）。

第四节　主备调切换演练

一、演练准备

为切实提高各级调度机构的容灾能力，检验备调场所和自动化、通信等技术支持系统配置的科学性、合理性和可操作性，确保在突发事件下主、备调之间实现调控业务的平稳过渡，以发挥备调作用，保障电力调控指挥的连续性，提高电网调控的抗灾能力，按照国家电网有限公司规定需进行主备调切换演练。

二、演练方案

主、备调切换演练首先确定导演组，负责编制主、备调演练方案和脚本，并组织调控运行、自动化、信通等相关人员对演练方案、脚本、演练相关设备进行多次讨论，确定最终的演练方案、确保技术、设备支持到位。演练方案应突出重点，讲究实效，提高应急处置能力；同时各相关部门要做到协调配合，保证人身、电网、设备安全。

（1）演练方案内容。

（2）演练组织机构及各机构职责。

（3）演练目的、演练原则、演练时间和地点。

（4）演练各阶段时间点的脚本。

（5）切换演练的要求。

地县调控机构应每季度组织一次调控指挥权转移的综合演练。综合演练时，主、备调均应有主调负责人及各专业人员参加。演练应包括技术支持系统切换、人员转移和调控指挥权转移。备调季度演练至少应通过 24 小时以上的连续启用检验。

三、演练准备

演练前要完成备调系统各业务硬件支撑和系统平台的排查、架设。备调数据网的全面接入；独立于正常值班外的调度电话架设；EMS、OMS、PMIS、OA、省地县一体化调度操作票、省调操作票预令接收（包括申请 IP 授权）、AVC 等系统架设。调度、监控值班技术及管理资料应齐全。

四、开展演练

（1）主调切换至备调。演练人员到达备调后检查各系统运行情况，正常后主调调控员向备调调控交接工作，说明调管范围内发、受、用电平衡情况，调管范围内一、二次设备运行方式及变更情况，电网负荷情况、设备缺陷、现场作业情况、注意事项等主要电网运行情况，在备调人员确认后，将调度指挥权移交备调。同时将情况及时汇报领导及上级调度，并告知其他运行人员。主调向备调切换后，各相关工作人员应密切关注主调设备的情况，确保主调及时恢复。主调切换至备调执行流程如图 14-4 所示。

（2）备调切换至主调主调系统在检查后确认恢复正常，立即向领导汇报。领导同意恢复主调后，备调应及时向主调切换，切换前要确认交接的内容是否全面，做到无遗漏。备调系统切换后，自动化、信息通信人员应对备调系统设备进行检查和维护，确保可以随时启动。

（3）其他要求。演练过程中各参演人员应及时沟通，确保运行设备等正常运行，同时就演练中遇到的问题进行记录。为减轻可能发生的突发事件造成的影响，演练针对以下 6 个方面进行：

1）备调场所突发事件。

2）备调技术支持系统故障处置。

3）备调通信系统故障处置。

4）演练结束主调系统无法启动。

5）电网异常或事故。

6）台风等可预见性气象灾害等。

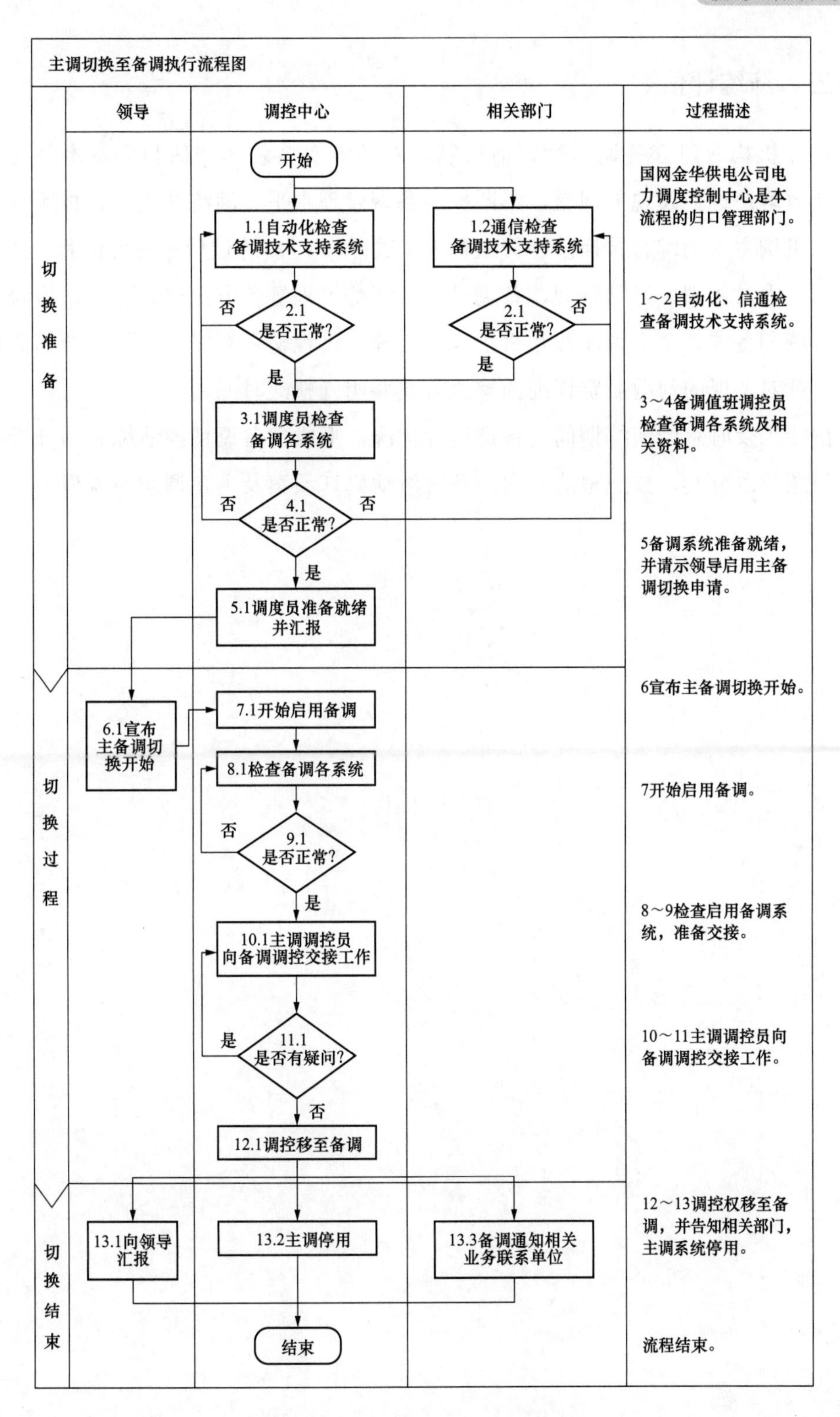

图 14-4　主调切换至备调的流程图

五、演练评估

调控机构应建立备调运行评估机制，对备调实施总体评估和突发事件处置评估，及时解决评估发现的问题，不断提高备调管理水平。演练结束后，按照《地县级调控机构主备调综合转换演练评估标准（试行）》对演练过程中业务流程、技术支持系统、人员培训、日常管理、备调设施、演练过程等各方面进行评估，检查主调切至备调和备调切至主调流程是否正确、合理，过程是否有序，是否符合相关规定要求。针对发现的问题制定详细的整改方案并明确整改时间。

按要求及时总结演练期间的备调运行情况，形成主备调切换演练总结分析报告包括问题整改方案，按照整改方案，及时滚动修订预案及主备调切换流程。

第十五章　信　息　报　送

第一节　重大事件汇报规定

一、汇报事件

地调管控一般报告类事件，需汇报的重大事件是《国家电网公司安全事故调查规程》规定的五级电网事件及五级设备事件中涉及电网安全的内容：

1）110kV 以上局部电网与主网解列运行故障事件。

2）220kV 以上电压等级厂站设备非计划停运造成负荷损失、拉限电或稳控装置切除负荷、低频、低压减负荷装置动作的事件。

3）在电力供应不足或特定情况下，电网企业在当地电力主管部门的组织下，实施了限电、拉闸等有序用电措施。

4）220kV 以上任一电压等级母线故障全停或强迫全停事件。

5）220kV 以上电压等级并网且水电装机容量在 100MW 以上或其他类型装机容量在 600MW 以上的电厂运行机组故障全停或强迫全停事件。

6）220kV 以上电压等级电流互感器、电压互感器着火或爆炸等设备事件。

7）500kV 以上电压等级线路故障停运及强迫停运事件。

8）因电网原因造成电气化铁路运输线路停运的事件。

9）恶劣天气、水灾、火灾、地震、泥石流及外力破坏等对电网运行产生较大影响的事件。

10）地区调控机构 110kV 以上厂站发生误操作、误整定等恶性人员责任事件。

11）地区调控机构通信全部中断、调度自动化系 SCADA、AGC 功能全停超过 15min，对调控业务造成影响的事件。

12）地区调控机构调控场所（包括备用调控场所）发生停电、火灾，主备调切换等事件。

13）其他对调控运行或电网安全产生较大影响及造成较大社会影响的事件。

二、汇报内容

（1）发生重大事件后，地调调控人员应会同运维站（班）远程收集监控告警、故障录波、在线监测、工业视频等相关信息，共同分析判断，须在 5min 时间内向省调调度员进行简要汇报，内容主要包括故障发生的时间、发生故障的具体设备、故障后的状态、保护动作以及相关设备潮流变化情况。

（2）15min 内完成详细汇报，后续有信息更新随时补充汇报。详细汇报的内容应包括一、二次设备动作详细情况、故障测距、视频调阅、现场天气以及工作情况。待事件处理告一段落，地调补充汇报省调，内容主要包括事件发生的时间、地点、运行方式、保护及安全自动装置动作、影响负荷情况，调度系统应对措施、系统恢复情况，以及掌握的重要设备损坏情况，对社会及重要用户、影响情况等。

（3）发生一般报告类事件，除值班调度员在规定时间内向省调特急报告外，地区调控机构负责生产的相关领导应及时了解情况，并向省调汇报事件发展及处理的详细情况，符合《电力安全事故应急处置和调查处理条例》《国家电网公司安全事故调查规程》调查条件的事件，要及时汇报调查进展。

（4）在发生严重电网事故或受自然灾害影响，恢复系统正常方式需要较长时间时，地调应随时向省调调度员汇报恢复情况。

第二节　调　度　报　表

一、调度日报

调度运行日报是每日电网运行情况的概述，包括统调负荷、电量、故障异常、设备检修工作、系统变化情况等。一般由每轮班中班值完成，如表 15-1 所示。

表 15-1　　地调调度日报

1．近日用电情况
（1）主网

类　　别	04 日数据	05 日数据	日环比增长率	同比增长率
网供最大负荷（MW）	6640.58（08:56）	6965.81（10:20）	4.90%	28.44%

续表

类　别	04 日数据	05 日数据	日环比增长率	同比增长率
日网供电量（万 kWh）	12945.88	13522.87	4.46%	32.00%
局供最大负荷（MW）（含地调电厂）	6721.31（09:29）	7045.08（10:20）	4.82%	28.05%
日局供供电量（万 kWh）（含地调电厂）	13127.30	13741.98	4.68%	32.06%
全社会最大负荷（MW）（含地调、县调电厂）	7238.12（10:22）	7254.17（10:20）	0.22%	24.36%
日全社会电量（万 kWh）（含地调、县调电厂）	13773.05	14165.98	2.85%	30.19%
今日预计最大负荷（MW）	6893.00（10:15）	6973.00（10:15）	1.16%	29.11%

类　别	2020 年	2021 年
年最高网供负荷（MW）	7638.50（08/25/14:00）	6965.81（01/05/10:00）
年局供最大负荷（MW）	7762.24（08/25/14:00）	7045.08（01/05/10:00）
年最高全社会最大负荷（MW）	8382.36（08/25/13:00）	7377.60（01/03/10:00）

（2）市本级配网

市本级网供最高负荷	1277.05	市本级全网最高负荷（MW）	1344.72
市本级网供最低负荷	753.5	市本级全网最低负荷（MW）	755.98
市本级网供日供电量	2589.19	市本级全网日供电量（万 kWh）	2637.32
市区年最高网供负荷	1277.05（2021-01-05）	市区年最高全网负荷（MW）	1344.72（2021-01-05）
婺城网供最高负荷	741	婺城全网最高负荷（MW）	743.96
婺城网供最低负荷	451.31	婺城全网最低负荷（MW）	452.61
婺城网供日供电量	1523.62	婺城全网日供电量（万 kWh）	1530.79
婺城年最高网供负荷	741（2021-01-05）	婺城年最高全网负荷（MW）	746.02（2021-01-04）
金东网供最高负荷	540	金东全网最高负荷（MW）	619.22
金东网供最低负荷	299.49	金东全网最低负荷（MW）	303.51
金东网供日供电量	1065.57	金东全网日供电量（万 kWh）	1117.56
金东年最高网供负荷	540（2021-01-05）	金东年最高全网负荷（MW）	620.97（2021-01-03）
市区历年最高网供负荷	1466.05（2020-08-25）	市区历年最高全网负荷	1532.01（2020-08-25）
婺城历年最高网供负荷	884.78（2020-08-25）	婺城历年最高全网负荷	930.09（2020-08-25）
金东历年最高网供负荷	585.87（2020-08-25）	金东历年最高全网负荷	606.98（2020-08-25）

2. 限电统计：无

3. 昨日工作回顾

（1）主网

500kV 及以上工作 0 项；220kV 工作 0 项；110kV 工作 2 项；35kV 工作 1 项

序号	停复役时间	停役设备	工　作　内　容	风险
1	01-05 09:30～01-05 18:00	陶旭 1596 线、爱旭变扩建启动投产	投产	

续表

序号	停复役时间	停役设备	工　作　内　容	风险
2	01-05 08:00～ 01-05 22:00	塘雅变：#6 电容器停复役	#6 电容器组电缆户外侧接头 B 相过热处理	
3	11-17 09:10～ 12-31 17:00	沙蒋 1649 线复役	1．配合沙畈电厂年检（#1 及、#1 主变压器检修） 2．沙蒋 1649 线更换避雷线	

（2）配网

序号	变电所	设备名称	申请单位	停役开始时间	停役结束时间	工　作　内　容
1	琅琊变	琅琊 211 线，槛下 222 线	白龙桥供电所	2021/1/5 7:30	2021/1/5 17:30	1．110kV 琅琊变琅琊 211 间隔至 10kV 琅琊 211 线 1#杆原 YJLV22-3×500 电缆调换为 YJV22- 3×400 长度：245m，电缆头制作，试验工作；带电作业配合拆搭电缆头引线及电缆吊装工作 2．110kV 琅琊变槛下 222 间隔至 10kV 槛下 222 线 1#杆原 YJLV22-3×500 电缆调换为 YJV22-3×400 长度：243m，电缆头制作，试验工作；带电作业配合拆搭电缆头引线及电缆吊装工作
2	琅琊变	琅琊 211 线，槛下 222 线	白龙桥供电所	2021/1/5 7:30	2021/1/5 17:30	1．110kV 琅琊变琅琊 211 间隔至 10kV 琅琊 211 线 1#杆原 YJLV22-3×500 电缆调换为 YJV22-3×400 长度：245m；110kV 琅琊变琅琊 211 间隔电缆头拆除，旧电缆抽除，新电缆敷设，电缆头制作试验及搭接工作 2．110kV 琅琊变槛下 222 间隔至 10kV 槛下 222 线 1#杆原 YJLV22-3×500 电缆调换为 YJV22-3×400 长度：243m；110kV 琅琊变槛下 222 间隔电缆头拆除，旧电缆抽除，新电缆敷设，电缆头制作试验及搭接工作
3	坦寺变	三联 905 线	曹宅供电所	2021/1/5 8:00	2021/1/5 12:00	配合曹宅镇红旗水库水利管道施工，三联 905 线 2#杆高压拉线迁移

4．今日计划工作

（1）主网

500kV 及以上工作 0 项；220kV 工作 0 项；110kV 工作 5 项；35kV 工作 5 项

序号	停复役时间	停役设备	工　作　内　容	风险
1	01-06 08:30～ 01-06 14:30	芳山变：#1 主变压器本体重瓦斯保护、有载重瓦斯保护、#2 主变压器本体重瓦斯、有载重瓦斯保护轮停	#1 主变压器本体呼吸器硅胶更换工作。#1 主变压器有载呼吸器硅胶更换工作。#2 主变压器本体呼吸器硅胶更换工作。#2 主变压器有载呼吸器硅胶更换工作	
2	01-06 09:00～ 01-06 18:00	汤溪变：#1 电抗器停复役	#1 电抗器硅胶更换	
3	01-06 09:00～ 01-07 18:00	明珠变：110kV 开关储能电源停役	配合双锦输变电工程间隔扩建，110kV 开关储能电源搭接工作	
4	01-06 09:10～ 01-06 17:10	画水变：#1 主变压器停复役	#1 主变压器压力释放阀接线检查	七级

续表

序号	停复役时间	停役设备	工作内容	风险
5	01-06 06:51～01-20 21:00	黄双 3564 线停役	黄双 3564 线 5#～9#段、65#～68#段线路迁改	
6	01-06 06:34～01-09 18:00	东安 1627 线及湖溪支线停役	1．东安 1627 线 7#～13#段地线更换； 2．东安 1627 线 9#、10#塔更换绝缘子金具串	六级
7	01-06 08:00～01-06 20:00	倪宅变：#1 所用变、#1 电容器、#3 电容器、#1 电抗器启动投产	新上 GIS 开关站内#1 所用变、#1、#3 电容器、#1 电抗器开关柜内一次设备新设备投产	
8	12-10 19:11～01-06 22:00	倪宅变：宅街 3599 线开关、#1 电抗器、#1 电容器、#3 电容器、#1 所用变复役	配合新上#1 电抗器、#1 电容器、#3 电容器、待用 3501、#1 所用变 GIS 开关柜一次回路改接及相关试验	
9	12-10 14:02～01-06 20:00	倪宅变：35kV 母差保护复役	1．配合 35kV Ⅰ、Ⅱ段开关柜改造相关二次回路接口试验； 2．35kV 母差保护新整定单执行	
10	01-06 06:42～01-06 22:00	大元变：110kV 副母、大赤 1502 线开关停复役	1.大岸 1503 至大赤 1502 间的 110kV 副母线 A 相接头（大赤 1502 侧）过热消缺； 2.大岸 1503 至大赤 1502 间的 110kV 副母线 A 相接头（大赤 1502 侧）过热消缺	五级

（2）配网

序号	变电所	设备名称	申请单位	停役开始时间	停役结束时间	工作内容
1	赤松变	西盛 146 线	多湖供电所	2021/1/6 9:00	2021/1/6 16:00	1．带电作业将西盛 146 线西康联线 0#杆刀闸引线、西盛 146 线西康联线 1#杆电缆引线拆除； 2．带电作业将东欣 AS15 线 2#杆（西盛 146 线西康联线 1＋1#杆）开关引线搭接（开关已安装，开关为冷备用状态）； 3．带电作业将东盛 246 线 76#杆（翡翠城支线 0#）电缆头引线、翡翠城支线 1#杆开关引线拆除； 4．带电作业将同心 AS18 线 3#杆（原东盛 246 线翡翠城支线 3#杆）开关引线搭接（开关已安装，开关为冷备用状态）
2	赤松变	东盛 246 线	多湖供电所	2021/1/6 9:00	2021/1/6 15:00	1．带电作业将同心 AS18 线 3#杆（原东盛 246 线翡翠城支线 3#杆）开关引线搭接（清照变至同心 AS18 线 3#杆电缆已搭接，杆上开关闸刀已安装），翡翠城支线改为同心 AS18 线主线； 2．带电作业将东盛 246 线 76#杆（翡翠城支线 0#）电缆头引线、翡翠城支线 1#杆开关引线拆除； 3．同心 AS18 线 40#杆新增联络开关一组，至同杆麻车 A34 线 37#杆，由带电作业搭接
3	江南变	影都Ⅱ 523 线	开发区供电中心	2021/1/6 9:30	2021/1/6 13:00	章宅环网站影都 II54611 间隔自动化改造（三遥）
4	江南变	影都Ⅱ 523 线	开发区供电中心	2021/1/6 13:00	2021/1/6 17:00	章宅环网站影都 II54612 间隔自动化改造（三遥）

续表

5．主要电厂情况（水位单位：m，流量单位：m^3/s）

沙畈水库水位 259.94 流量 0.1；九峰水库水位 130.37 流量 0.039；

6．故障跳闸

（1）主网

500kV 及以上线路跳闸 0 条 0 次，其中重合成功 0 次，重合失败 0 次。

220kV 及以上线路跳闸 0 条 0 次，其中重合成功 0 次，重合失败 0 次。

110kV 及以上线路跳闸 0 条 0 次，其中重合成功 0 次，重合失败 0 次。

35kV 及以上线路跳闸 0 条 0 次，其中重合成功 0 次，重合失败 0 次。

日期	时间	汇报单位	事故现象	事故原因、处理情况
无				

（2）市本级配网

1）婺城电网发生 10kV 线路跳闸 0 条 0 次，其中重合成功 0 次，重合不成 0 次。发生 10kV 线路单相接地 0 条 0 次。

序号	时间	汇报单位	事故现象	事故原因、处理情况
无				

2）金东电网发生 10kV 线路跳闸 1 条 1 次，其中重合成功 1 次，重合不成 0 次。发生 10kV 线路单相接地 0 条 0 次。

序号	时间	汇报单位	事故现象	事故原因、处理情况
1	2020-1-5 11:38	金华配调	东港变金港 768 线路保护出口动作，开关跳闸，重合成功	巡线无异常

7．金华监控重负荷主变（截止时间：2021 年 01 月 06 日 24:00）

（1）地调监控重负荷主变

变电所	设备	主变温度（℃）	百分比	发生时间（日/时/分）	电流（A）	备注
超 80%						
低田变	#1 主变压器 10kV 绕组	44.12	86.92%	2021-01-05 10:30	2389.45	
东港变	#2 主变压器 10kV 绕组	57.32	88.74%	2021-01-05 10:15	2439.33	
东港变	#1 主变压器 10kV 绕组	50.25	85.66%	2021-01-05 10:40	2354.77	
太平变	#1 主变压器 110kV 绕组	45.83	82.09%	2021-01-05 10:30	728.97	
黄村变	#3 主变压器 220kV 绕组	47.74	83.25%	2021-01-05 10:00	319.68	
石泄变	#2 主变压器 110kV 绕组	42.95	83.15%	2021-01-05 16:30	218.17	
石泄变	#1 主变压器 10kV 绕组	36.63	81.31%	2021-01-05 16:00	2235.32	
桃源变	#2 主变压器 10kV 绕组	44.26	82.97%	2021-01-05 15:30	2280.76	
超 90%						
石金变	#3 主变压器 110kV 绕组	58.27	94.79%	2021-01-05 10:05	1122.58	
超 100%						
无						

续表

（2）地调监控断面

断　面	发生时间	有功功率	限值
大岸 1503 芳山支线（芳山变侧）十江赤 1457	2021-01-05 10:25	93.63（越限时间 5min）	91

（3）地调监控信息告警

序号	变电所	发生时间	频繁告警信息名称	当日数量（条）	原因	监控暂时措施
无						

（4）市本级配网重载线路

序号	变电站	线路	最大有功	最大电流	冬季限额	夏季限额	负载情况
婺城							
金东							

（5）市本级配网主变设备重载情况表

序号	变电所	主变	今日最高负荷	昨日最高负荷	今日最高电流	负载情况	限额电流

（6）各县市公司监控重负荷主变压器（截止时间：2021 年 01 月 06 日 24:00）

变电所	设备	主变温度（℃）	百分比	发生时间（日/时/分）	电流（A）	额定值（A）
超 80%						
古山变	#1 主变压器	44	81	9:30	2238	2749
古山变	#2 主变压器	45	82	10:25	2259	2749
清溪变	#1 主变压器	48	88	10:40	2429	2749
清溪变	#2 主变压器	47	88	10:35	2429	2749
桥下变	#1 主变压器	46	86.5	10:20	2377	2749
炉头变	#1 主变压器	49	88	09:35	2419	2749
五峰变	#1 主变压器	49	81.6	10:35	2242	2749
超 90%						
梅垄变	#1 主变压器	50	93.6	09:55	2572	2749
梅垄变	#2 主变压器	48	96.0	08:25	2638	2749
花街变	#2 主变压器	50	91.1	10:10	2504	2749
长城变	#1 主变压器	49	90.78	09:50	1996	2199
超 100%						
无						

续表

8．严重及以上缺陷处理情况

（1）主网

新增缺陷 1 项，已消缺 1 项，未消缺 0 项

遗留缺陷处理情况：2 项，已消缺 2 项，未消缺 0 项

日期	时间	单位	事由	处理情况	类型
01.05	09:23	黄村变	告：黄村变#1 电容器 B 相泄漏电流表偏高 1.9A，A 相 0.46A、C 相 0.26A 正常，现#1 电容器处运行，需改热备用，及正令：拉开#1 电容器开关 9:30 操作结束并退出 AVC 控制，报缺陷处理	上述告变电检修中心李阳，回告上报缺陷处理。10:15 黄村变吴巧峰告检修人员已赶到现场需要改检修处理，即告他：#1 电容器处热备用，具备状态移交条件，现移交现场，改为工作状态后回告 11:06。 16:38 黄村变吴巧峰告：更换#1 电容器 A、B 相避雷器，试验合格。 17:09 黄村变吴巧峰告：#1 电容器处热备用，具备状态移交条件，现交回调度	危急
12.22	16:36	石金变	告：110kV Ⅰ段母线母差保护互联指示灯亮，与压板状态不符	即告继保。16:35 石金变告：信号已手动复归。16:37 石金变告：信号再次动作。16:41 石金变告：信号已手动复归。16:50 石金变告：晚间检修人员将到现场检查处理。20:2 3 石金变朱红艳告：检修人员已将石安 1434 线正母闸刀节点脱开，不影响设备运行，目前信号未动作，需要观察几天信号是否还会动作。 2021.01.05 11:43 石金变周晶晶告：现场检查是石安 1434 线正母闸刀机构箱内闸刀位置节点绝缘不良引起，更换后恢复正常	严重
01.04	08:30	监控	告：西陶变 110kV 故障录波器保护装置故障，现场检查 110kV#1 故障录波器启动灯亮，重启故录后信号未复归，上报缺陷	上述告检修李阳，继保郑燃。 01.05 14:10 西陶变周磊告：信号已自行复归，自行消缺	严重

（2）市本级配网

序号	时间	汇报单位	事由	处理情况
无				

9．其他（对电网有较大影响的工作、新设备投产、方式调整和近期关注等内容）

（1）“悟空”运行日志（2021/01/05 00:00—2021/01/06 00:00）

1）今日运行数据。

有效告警信号	诊断电网事件	设备缺陷	全金华电网发生电网故障次数	地调监控范围发生电网故障次数	通知处理情况
1336 条（五类）	57 次	2 条	5 次	0 次	通知监控员 58 次、现场运维人员 16 次

2）历史运行数据（2020 年 01 月 01 日至 2021 年 01 月 06 日）

有效告警信号	诊断电网事件	设备缺陷	全金华电网发生电网故障次数	地调监控范围发生电网故障次数	通知处理情况
206133 条（五类）	11421 次	516 条	1632 次	117 次	通知监控员 11465 次、现场运维人员 1304 次

续表

附：遗留未处理缺陷					
日期	时间	单位	事由	处理情况	类型
12.16	08:59	金华集控	告：倪宅变#5 电容器遥控操作三次失败，现电容器处热备用，告他退出 AVC 控制，通知现场检查	13:51 倪宅变告现场检查无异常，已报缺陷处理，即告检修李阳，回告下周安排检查	严重
12.22	06:48	配调	琅琊变#2 所用变低压开关频发分合闸信号，现#2 所用变低压开关在合位，直流母线电压正常，已通知运维班去现场检查	回告准备发电车作为事故备用。 7:55 琅琊变告：现场检查发现#2 所用变低压开关在合位，后台发#2 所用变合闸位置节点异常，判断#2 所用变开关位置节点接触不良，不影响所用电正常切换，现已将所用电切至#1 所用变供	严重
12.23	13:40	峙垅变	告我：巡查时发现峙垅变#2 主变第二套保护差流值偏大，B 相 0.16A，C 相 0.15A	即告继保，回告值偏大，需速派人检查核实，即告变电运检室抓紧处理。 13:48 峙垅变正令：#2 主变第二套保护由跳闸改为信号 14:05。 16:20 峙垅变告：厂家现场检查，需要将汤垅 1268 线合智一体装置重启一次，现申请 110kV 备用电源自投装置改为信号。上述告继保，回告同意。 16:26 峙垅变正令：110kV 备用电源自投装置由跳闸改为信号 16:32。 16:40 峙垅变告：重启后仍未消缺，初步判断是汤垅 1268 线合智一体装置采样板损坏，暂无备品，待备品到后更换。上述告继保徐峰，回告 110kV 备自投改为跳闸，#2 主变第二套保护保持信号状态。 16:47 峙垅变正令：110kV 备用电源自投装置由信号改为跳闸 16:54。 计划 1 月 7 号消缺	严重
12.27	21:25	金华集控	汇报：汤溪变汤竹 2362 线第一套保护装置异常动作未复归，21:30 汇报调度，通知黄村运维班	22:21 汤溪变林远望汇报：现在检查第一套保护装置异常，B 通道异常，手动复归不了。已汇报生产指挥中心和省调，同意报缺陷处理。上述即告继保徐峰	严重
12.29	13:11	河盘变	现场检查发现#1、#2 主变压器 110kV 测控装置告警以及故障信号未上传，据查投产时，这两个上传信号未做，当时未发现，属于遗留问题	告他现场报缺陷，以上告自动化	严重
12.30	13:05	下潘变	下潘变汤下 1255 线路接地闸刀闭锁继电器电压开关无法合上，会影响线路改检修操作	上报严重缺陷，已联系检修会尽快处理	严重

二、调度周报

调度运行周报是每周电网运行情况的统计，包括周最高负荷、周电量、事故异常统计、下周设备检修工作安排、系统变化情况等。一般由周日中班值完成，地调调度周报如表 15-2 所示。

表 15-2　　　　地 调 调 度 周 报

1．运行简述：

供电形势	本周负荷稳定				
网供（2020 年 12 月 30 日-2021 年 01 月 05 日）		同比增长	全网（2020 年 12 月 30 日-2021 年 01 月 05 日）		同比增长
本周最高网供负荷	696.581 万 kW（01 月 05 日 10:20）		本周最高全网负荷	737.760 万 kW（01 月 03 日 10:20）	
本年最高网供负荷	763.850 万 kW（08 月 25 日 14:01）	8.87%	本年最高全网负荷	838.236 万 kW（08 月 25 日 13:23）	7.91%
上月网供电量	35.2417 亿 kWh	1.63%	上月全网电量	36.6990 亿 kW.h	1.75%
本月网供电量	6.4375 亿 kWh	22.76%	本月全网电量	6.6863 亿 kW.h	22.6%
去年累计网供电量	366.3937 亿 kWh	2.36%	去年累计全网电量	390.2320 亿 kW.h	2.25%
本年累计网供电量	6.4375 亿 kWh	22.76%	本年累计全网电量	6.6863 亿 kW.h	22.60%

对电网有较大影响的检修工作	计划	遗留主要工作： 新增主要工作： 01.04 西陶变：110kV 正母Ⅰ段、陶灿 1594 线（新间隔搭接） 01.04～01.15 黄蟠 1690 线及吕塘支线（迁改） 01.06 画水变：#1 主变（压力释放阀接线检查） 01.06～01.09 东安 1627 线及湖溪支线（地线、绝缘子金具串更换） 01.06 大元变：110kV 副母、大赤 1502 线开关（过热消缺）
周计划执行情况		上周工作完成 25 项；临时变更 3 项（方峰 1693 线、桐鹤变 110kV 副母线、#1 主变 110kV 开关、桐岗 1348 线开关、桐贸 1345 线开关）
故障跳闸、主要缺陷、异常及处理情况		故障跳闸：线路 500kV 0 条次，220kV 1 条次，110kV 0 条次，35kV 0 条次。主变故障跳闸：0 次，其他：0 次

故障跳闸情况：

日期	时间	单位	事故现象	事故原因、处理情况
2020 12.31	11:51	金华集控	黄村变热黄 3565 线保护出口，开关跳闸，重合成功 12:00 黄村变告：热黄 3565 线 A、B 相故障，距离Ⅱ段保护动作，测距 4.2kM，故障电流 57.15A，设备检查情况正常。上述告金华热电厂，回告厂内检查情况正常，许可：热黄 3565 线事故带电巡线工作可以开始	15:25 金华热电厂告：热黄 3565 线路正常，无故障点。厂内检查发现高压厂用变压器至 35kV 开关 A、B 相电缆线靠近厂用变压器侧断掉，现已拉开 35kV 开关，故障点已隔离
2020 12.31	13.22	金华集控	朱云变 110kV 母差保护动作，110kV 正母失电，跳开朱吴 1389 线、#1 主变 110kV 开关、110kV 母联开关、朱浦 1397 线、朱塘 1395 线、朱宅 1393 线开关，已通知现场检查。 13:25 义乌市调告苏陈变 110kV 备用电源自投装置动作，跳开朱吴 1389 苏陈支线开关，合上西苏 1597 线开关失败，苏陈变全所失电，负荷损失 3.8 万左右。	13:31 通知义乌市调合上苏陈变西苏 1597 线开关。 13:40 义乌市调告苏陈变西苏 1597 线开关遥控合闸失败，即告通过 10kV 线路送回负荷。 14:25 义乌市调告：现场苏陈变西苏 1597 线开关已合上，损失负荷正在送出。 14:33 朱云变告：现场检查朱塘 1395 线间隔开关 A 相法兰部位有明显损伤痕迹，地上

续表

日期	时间	单位	事故现象	事故原因、处理情况
2020 12.31	13.22	金华 集控	13:26 浦江县调告：烟塘变、义门变、吴店变、浦江变 110kV 备用电源自投装置动作正确，上述告调度班，调控室、继保、中心领导，检修	有气球碎片，I 母差动保护动作，A 相故障，故障电流 17.66A，处理要求朱塘 1395 线开关改为检修。 14:55 汇报省调上述。 15:36 朱云变朱塘 1395 线开关改为冷备用后，110kV 正母已恢复送电。 16:11 除朱塘 1395 线外其余 110kV 失电线路已恢复送电。 16:51 义乌市调告：苏陈变已恢复至朱吴 1389 苏陈支线送全所负荷，西苏 1597 线开关已改为冷备用移交现场。 16:54 浦江县调告：吴店变、浦江变、黄宅变、义门变已恢复事故前方式。 18:21 朱云变汇报：朱塘 1395 线开关 A 相法兰及支持瓷瓶清洁完毕，绝缘试验合格，具备复役条件（瓷瓶上防水用 RTV 暂未涂，以后结合停电再处理），上述汇报调控室、中心领导。 18:48 朱云变朱塘 1395 线恢复送电 18:56 烟塘变恢复正常方式。 19:23 上述汇报省调

本周调度记录主要缺陷、异常及处理情况：地调新增记录缺陷：11，已处理或信号已复归 8，目前缺陷未消除（或未接到汇报）：3

上周遗留未处理缺陷 2；上周前遗留未处理缺陷：1，正在处理中缺陷：0。

序号	日期	时间	单位	缺陷现象	原因、缺陷处理情况	类型	主管部门意见
上周遗留缺陷							
1	12.23	13:40	峙垅变	巡查时发现峙垅变#2 主变压器第二套保护差流值偏大，B 相 0.16A，C 相 0.15A	即告继保，回告值偏大，需速派人检查核实，即告变电运检室抓紧处理。 14:05 #2 主变压器第二套保护改为信号。 16:20 峙垅变告：厂家现场检查，需要将汤垅 1268 线合智一体装置重启一次，现申请 110kV 备用电源自投装置改为信号。上述告继保，回告同意。 16:32 110kV 备用电源自投装置改为信号。 16:40 峙垅变告：重启后仍未消缺，初步判断是汤垅 1268 线合智一体装置采样板损坏，暂无备品，待备品到后更换。上述告继保，回告 110kV 备自投改为跳闸，#2 主变压器第二套保护保持信号状态。 暂未消缺	严重	已打申请 01.07 停役处理

续表

序号	日期	时间	单位	缺陷现象	原因、缺陷处理情况	类型	主管部门意见
2	12.29	13:11	河盘变	现场检查发现#1、#2主变压器110kV测控装置告警以及故障信号未上传，据查投产时，这两个上传信号未做，当时未发现，属于遗留问题	告他现场报缺陷，以上告自动化。 暂未消缺	严重	计划1月15日前处理
本周新增缺陷							
1	12.30	13:05	下潘变	汤下1255线路接地闸刀闭锁继电器电压开关无法合上，会影响线路改检修操作	上报严重缺陷，已联系检修会尽快处理。 暂未消缺	严重	计划1月15日前处理
2	12.31	05:40	武义县调	郭浦变#1主变压器本体轻瓦斯发告警信号，现场检查瓦斯继电器有气体，要求#1主变压器本体重瓦斯保护改信号放气处理	6:06 郭浦变#1主变压器本体重瓦斯已改信号。 08:35 武义县调告：现场本体油位异常，集气盒倒吸气，申请停#1主变。 09:03 运检部盛骏告：#1主变压器油枕内变压器油卡住，最好停#1主变压器进行处理，上述告中心领导同意。 11:44 武义县调告：郭浦变#1主变压器已改为工作状态。 18:00 武义县调告：郭浦变#主变缺陷处理工作结束，油枕呼吸管加装呼吸器后已消缺，可以复役，上述与运检部确证，回告本体重瓦斯保护需改信号24小时。上述告中心领导同意。 18:56 武义县调告：郭浦变#1主变已复役，情况正常。 2021.01.01 19:10 武义县调申请投入郭浦变#1主变本体重瓦斯保护，回告同意。19:16操作结束，情况正常	危急	
3	12.31	17:28	温泉变	巡查时发现110kV副母Ⅱ段压变C相油位观察窗内已看不到油位指示，地上有大滩油迹，压变外观、运行声音无异常	告运检部，回告压变需退出运行。告建设部刘毅，回告检修方式母线是否陪停需现场看过。上述告调控室、方式计划室，中心领导，准备按110kV副母Ⅱ段压变停役变化方式调整，需拉停110kV副母Ⅱ段后无电隔离压变（温泉变告不具备直接用闸刀隔离压变的条件）。 19:02 110kV副母Ⅱ段母线停电后隔离副母Ⅱ段压变。 19:38 110kV副母Ⅱ段母线恢复运行（二次电压并列）。	危急	已联系厂家处理

续表

序号	日期	时间	单位	缺陷现象	原因、缺陷处理情况	类型	主管部门意见
3	12.31	17:28	温泉变	巡查时发现110kV副母Ⅱ段压变C相油位观察窗内已看不到油位指示，地上有大滩油迹，压变外观、运行声音无异常	19:50 110kV副母Ⅱ段压变已改为工作状态。 20:50温泉变告：检修人员检查110kV副母Ⅱ段压变二次接线盒内由烧伤痕迹，具体情况需等厂家人员确认，暂未消缺		
4	12.31	13.22	义乌市调	13:25苏陈变110kV备用电源自投装置动作，跳开朱吴1389苏陈支线开关，合上西苏1597线开关失败，苏陈变全所失电	13:31通知义乌市调合上苏陈变西苏1597线开关。 13:40义乌市调告苏陈变西苏1597线开关遥控合闸失败，即告通过10kV线路送回负荷。 14:25义乌市调告：现场苏陈变西苏1597线开关已合上，损失负荷正在送出。 16:51义乌市调告：苏陈变已恢复至朱吴1389苏陈支线送全所负荷，西苏1597线开关已改为冷备用移交现场。 23:18告：现场检查西苏1597线开关合闸回路串联了一个连锁继电器，此继电器需交流电源，如所用电失去则合闸回路不通，无法合闸，今日暂保持目前方式（朱吴1389苏陈支线送全所负荷，西苏1597开关冷备用，110kV备用电源自投装置停用），明日继续处理。上述与继保科李跃辉确认，回告明日去回路改造。 2021 01.02 13:29经请示公司领导，考虑将苏陈变西苏1597线恢复运行，改分列运行，110kV备自投投入，已确保供电可靠性。 13:39告义乌市调上述，同时确保苏陈变10kV母分备自投投入 14:15苏陈变方式调整完毕	危急	
5	01.01	10:01	洋埠电站	宁溪3562洋埠支线保护柜失步解列装置及频率电压解列装置报警，显示DSP呼叫失误，申请重启	上述告继保，重启后恢复正常	危急	
6	01.01	11:10	永康市调	柳川变太川1484线发智能终端异常信号	现场检查重启后未复归，厂家告需要太川1484线开关改冷备用处理，即告继保同意，即同意永康市调上述申请。上述告调控室、调度班。 13:31永康市调告我：柳川变太川1484线开关已改为冷备用，需	严重	

续表

序号	日期	时间	单位	缺陷现象	原因、缺陷处理情况	类型	主管部门意见
6	01.01	11:10	永康市调	柳川变太川 1484 线发智能终端异常信号	明天厂家过来处理，回告做好单电源相关预案。 01.03 17:10 永康市调告：更换太川 1484 线路接地闸刀辅助节点后恢复正常，18:30 柳川变已恢复正常方式		
7	01.01	14:20	项宅变	项宅变故录运行灯灭	现场重启后未恢复，准备报缺陷处理，已告生产指挥中心及变电检修 暂未消缺	严重	计划 1 月 15 日前处理
8	01.03	10:32	永康市调	望江变 110kV 母分开关发控制回路断线，开关机构弹簧未储能，现场检查二次回路故障，已联系检修处理，现 110kV 母分开关无法操作	14:23 永康市调告：现场检查 110kV 母分开关储能回路辅助节点松动，重新紧固后已消缺	危急	
9	01.04	08:30	金华集控	西陶变 110kV 故障录波器保护装置故障，现场检查 110kV#1 故障录波器启动灯亮，重启故录后信号未复归，上报缺陷	上述告检修，继保。 01.05 14:10 西陶变周磊告：信号已自行复归，自行消缺	严重	
10	01.04	14:25	西陶变	陶灿 1594 线开关检修过程中发现开关端子箱内闸刀机构电源的闸刀损坏，更换此闸刀需要将 110kV 开关储能电源短时拉开，处理时间约 1h	上述告调度班、调控室，回告做好现场监视。 14:28 即告西陶变上述，并做好现场监视。 17:16 西陶变汇报：端子箱内闸刀机构电源的闸刀已更换，110kV 开关储能电源已恢复正常	危急	
11	01.05	09:23	黄村变	告：黄村变#1 电容器 B 相泄漏电流表偏高 1.9A，A 相 0.46A、C 相 0.26A 正常，现#1 电容器处运行，需改热备用，及正令：拉开#1 电容器开关 9:30 操作结束并退出 AVC 控制，报缺陷处理	上述告变电检修中心李阳，回告上报缺陷处理。10:15 黄村变吴巧峰告检修人员已赶到现场需要改检修处理，即告他：#1 电容器处热备用，具备状态移交条件，现移交现场，改为工作状态后回告 11:06。 16:38 黄村变吴巧峰告：更换#1 电容器 A、B 相避雷器，试验合格。 17:09 黄村变吴巧峰告：#1 电容器处热备用，具备状态移交条件，现交回调度	危急	

续表

新设备投产：	01.05 陶旭 1596 线、爱旭变扩建启动投产
方式调整（包括重大运行方式预警及预案）：4 则	● 重大运行方式调整及风险预警通知书【20210114 金华云牵变西铁 2P99 线停役】 ➢ 地调完成金华云牵变西铁 2P99 线停役事故预案。 ➢ 变电运维室完成金华云牵变西铁 2P99 线停役风险预控。 ● 重大运行方式调整及风险预警通知书【20210110 金华明珠变 110kV 正母停役】 ➢ 地调完成金华明珠变 110kV 正母停役事故预案。 ➢ 永康市调、变电运维室完成金华明珠变 110kV 正母停役风险预控。 ● 重大运行方式调整及风险预警通知书【20210107 金华大元变 110kV 副母及大赤 1502 线开关停役】 ➢ 地调完成金华大元变 110kV 副母及大赤 1502 线开关停役事故预案。 ➢ 义乌市调、变电运维室完成金华大元变 110kV 副母及大赤 1502 线开关停役风险预控。 ● 重大运行方式调整及风险预警通知书【20210111 金华丰安变 110kV 副母及丰岩 1580 线开关停役】 ➢ 地调完成金华丰安变 110kV 副母及丰岩 1580 线开关停役事故预案。 ➢ 浦江县调、变电运维室完成金华丰安变 110kV 副母及丰岩 1580 线开关停役风险预控。 ● 临时方式调整： ➢ 12.30 08:31 永明 43D7 线＋永珠 43D8 线＋倪方 2Q25 线＋倪岩 2Q26 线断面接近满载，望江变 110kV 改分列运行 ➢ 12.30 17:35 东阳变#1、#2 主变压器，石金变#1、#2 主变压器总有功，越稳定限额 95%，世贸变全所倒至桐贸 1345 线送 ➢ 12.30 18:20 大元变#1、#2 主变压器总有功超 95%，江东变 110kV 改为分列运行。 ➢ 12.31 18:11 华金变#1、#2 主变压器总有功，越稳定限额 95%，将燕尾变 110kV 改为分列运行。 ➢ 2021 01.01 08:25 为增加寒潮天气供电可靠性，110kV 德胜变已改为分列运行。 ➢ 2021 01.03 08:37 为控制康方 43E1 线＋康岩 43E2 线＋明倪 2U80 线断面负荷，将芝英变全所负荷倒太平变#2 主变。 ➢ 2021 01.03 09:00 为控制西陶变 3#主变压器负荷，将德胜变#1 主变压器倒朱德 1396 线送电。 ➢ 2021 01.03 09:15 为控制太平变#1 主变压器负荷，唐先变 110kV 方式由分列运行改为太先 1472 线送所。 ➢ 2021 01.03 10:42 为控制康方 43E1 线＋康岩 43E2 线＋明倪 2U80 线断面负荷，将桥下变全所倒太下 1476 线送后，清溪变改为分列运行
近期关注：	1 月 12 日，双锦变投产
直调电厂水位	沙畈水库水位 259.94 流量 0.1；九峰水库水位 130.37 流量 0.039
配网超 80%线路统计	1．80%以上累计 55 条，市本级 7 条，义乌 16 条，东阳 15 条，永康 10 条，兰溪 3 条，浦江 4 条。 2．90%以上 33 条，市本级 5 条，义乌 6 条，东阳 9 条，永康 5 条，兰溪 5 条，武义 3 条。 3．100%以上 0 条。 越 100%以上原因分析
配网超 80%主变统计	1．超 80%以上 18 台，东阳 6 台，永康 10 台。 2．超 90%以上 5 台，义乌 2 台，永康 3 台
监控操作统计	本周监控遥控操作共 22 次，220kV 设备 1 次，执行不成功 0 次；110kV 设备 18 次，执行不成功 0 次；35kV 设备 3 次，执行不成功 0 次

2．重要断面、设备重载、越限情况（超稳定限额、线路≥80%线路输送限额）：

日期	时间	单位	重要断面、设备重载、越限情况
2020-12-30	18:20	石磁 1435＋石横 1436	有功功率达到 131MW，限值 130MW，横店热电厂加大出力，18:25 恢复正常

续表

日期	时间	单位	重要断面、设备重载、越限情况
2020-12-31	无		
2021-01-01	21:05	石磁 1435＋石横 1436	有功功率达到 133MW，限值 130MW，通知东阳市调控制负荷，21:35 恢复正常
2021-01-02	无		
2021-01-03	08:40	康方 43E1＋康岩 43E2＋明倪 2U80	有功功率达到 624MW，限值 620MW，将芝英变全所负荷倒太平变#2 主变压器，08:45 恢复正常
2021-01-04	无		
2021-01-05	10:25	大岸 1503 芳山支线（芳山变侧）＋江赤 1457	有功功率达到 94MW，限值 91MW，通知义乌市调控制负荷，10:40 恢复正常

3．主变压器重载情况（主变压器≥90%S_n）

日期	2020/12/30	2020/12/31	2021/01/01	2021/01/02	2021/01/03	2021/01/04	2021/01/05
主变压器负荷达到 90%及以上	无	无	无	无	太平变#1 主变压器 110kV 绕组	无	石金变#3 主变压器 110kV 绕组
对应主变压器的油温（℃）					45		58
发生时间					09:10		10:05
电流（A）					846		1123

4．网供有功最高负荷情况：

日期	2020-12-30	2020-12-31	2021-01-01	2021-01-02	2021-01-03	2021-01-04	2021-01-05
网供最大负荷（MW）	6621	6523	5610	6534	6846	6641	6966
日网供电量（万 kWh）	13126	13255	11498	12922	13486	12946	13523

5．OPEN3000 监控系统运行信息及维护情况：

运行信息：

监控本周收到平均日信息数量	信息优化后监控实时监视平均日信息数量				
	事故	异常	越限	变位	总量
1686	189	585	358	329	1461

系统维护：监控系统运行维护情况正常。

6．附：上周前遗留未处理缺陷：

序号	日期	时间	变电站	信息缺陷内容	缺陷原因、处理情况	类型	主管部门意见
1	12.16	08:59	监控	倪宅变#5 电容器遥控操作三次失败，现电容器处热备用，告他退出 AVC 控制，通知现场检查	13:51 倪宅变告现场检查无异常，已报缺陷处理，即告检修，回告下周安排检查。暂未消缺	严重	1.6 日处理

第三节 监 控 报 表

一、监控运行日报

监控运行日报是以日为单位，对24小时内的电网监控信息进行统计分析，分析重点是当日工作异常信息和跳闸情况，监控运行日报如图15-1所示。

××地调监控日分析报告

一、监控运行工作情况

对当日监控运行情况进行概述，包括无功电压情况，设备重载、设备超载情况等。

二、监控信息告警及处置情况

统计当日 4类监控信息告警数量，统计监控信息处置及时率、正确率，并对处置情况进行说明。

三、事故跳闸情况

分析当日事故跳闸清单及跳闸原因。

四、异常情况及处置

汇总当日电网异常处置情况。

五、监控职责移交情况

汇总当日监控职责移交情况。

六、应急处置情况

汇总当日电网应急处置情况。

七、监控职责移交情况

汇总当日监控职责移交情况。

八、遥控操作统计分析

按电压等级和操作类型（人工、自动）统计当日遥控操作情况，分析遥控操作失败原因。

九、异常（缺陷）及处置情况

当日新增缺陷和缺陷闭环消缺情况。

十、其他

其他需要记录的信息

分析报告人：×××

××-××-××

图15-1 监控运行日报

二、监控运行周报

监控运行周报是对一周时间范围电网监控信息进行统计分析，并通过计算信号重复率和频发率，分析电网非正常信息和可能存在的隐患，监控运行周报如图 15-2 所示。

金华电网周运行简报

1. 重要断面、设备重载、越限情况（超稳定限额、线路≥80%线路输送限额）：

2.主变重载情况（主变压器≥90%S_n）

3. OPEN3000 监控系统运行信息及维护情况：

运行信息：

系统维护：监控系统运行维护情况正常。

其他系统运行与维护：保信子站系统服务器问题：西陶变、官塘变、华金变保护通信率小于 50%；大元变、鹿田变故录通信正常率小于 100%。

监控操作统计：本周监控遥控操作共 2 次，220kV 设备 0 次，执行不成功 0 次；110kV 设备 2 次，执行不成功 0 次；35kV 设备 10 次，执行不成功 0 次。

监控缺陷（对地调记录缺陷外的补充）：

序号	日期	时间	变电站	信息缺陷内容	缺陷原因、处理情况	类型	是否遗留
1.							

编制：×× 审核：×× 批准：

图 15-2 监控运行周报

三、监控月报

监控运行月报是月度监控工作的总结，如图 15-3 所示，主要内容如下：

××年 ××月国网金华供电公司

变电站集中监控运行分析通报

一、总体情况

1. 地区监控概况

统计本月集中监控各电压等级变电站数量。

2. 电网故障情况

统计分析本月事故跳闸。

3. 设备运行情况

分析本月异常信息处置及缺陷

二、变电站集中监控

1. 集中监控变电站规模

统计本月集中监控变电站总数。

2. 调控机构集中监控实现方式

统计本月集中监控采用远程浏览、告警直传方式，以及集中监控第二通道部署。

3. 集中监控变电站自动电压控制（AVC）情况

统计本月纳入 AVC 控制的各电压等级变电站数量以及 AVC 覆盖率。

4. 集中监控变电站倒闸操作情况

统计分析本月人工遥控次数及成功率，AVC遥控次数及成功率统计，遥控失败原因。

5. 变电运维班故障响应情况

统计分析本月事故跳闸次数，主设备跳闸次数，线路跳闸次数，事故紧急处置时间。

6. 监控职责移交情况

统计本月向变电站移交监控职责并恢复有人值守次数。

三、监控信息分析

1. 监控信息接入量

统计本月各电压等级变电站接入集中监控的信息数量。

2. 监控信息正确率

统计分析本月满足规范要求监控信息比例。

3. 监控告警信息分析

统计本月4类告警总数量，按告警类型分析不同电压等级变电站站日均告警数量，分析告警正确率。统计分析本月漏发、误发告警。

四、监控设备缺陷分析

1. 监控设备缺陷分布

统计本月缺陷新增、消缺情况，并按缺陷类型、缺陷重要程度进行分析。

2. 设备缺陷处理情况

统计分析本月缺陷处理率和缺陷处理及时率。

[1]注：统计周期上月 25 至本月 24 日

[2]注：监控信息只统计动作条次

图 15-3 监控运行月报

（1）对电网频繁信号进行统计，提供告警抑制或优化方案。

（2）统计电网新增缺陷及影响程度，提出整改建议。

（3）统计电网遥控情况，分析遥控失败原因并提出整改方案。

（4）通过信息分析整理电网存在的隐患，并提交相关部门。

第四节　应　急　短　信

一、应急短信要求

（1）节假日、保供电期间电网紧急情况需及时做到信息发送，注意时间汇报做到有始有终。

（2）不同工作类型注意选择相应的人群。

（3）当值调控员第一时间电话汇报中心领导、班组长，并发送短信。

（4）请当值调控员在电网异常处置告一段落后，及时向变电或线路异常有关的短信群组发送电网异常短信。

（5）请当值调控员重点关注电网异常汇报短信的闭环管理，做好故障抢修恢复后的短信汇报工作。

二、应急短信类型

1. 电网异常缺陷短信

（1）一、二次设备缺陷、潮流超限及所采取的措施。

（2）上级电网重要断面越限、设备缺陷及所采取的措施。

（3）调控中心相关变电站失去监控。

（4）其他按相关要求发送的电网异常短信。

2. 电网故障短信

（1）地调管辖设备跳闸情况。

（2）地调监控所监视设备跳闸情况。

（3）上级电网设备跳闸情况。

（4）其他按相关要求发送的电网事故短信。

（5）电量负荷短信：内容包括昨日最高最低负荷（包括网供和全社会口径），电量累计及同比，今日负荷预计。

（6）节假日平安短信。

（7）重大检修项目停复役，系统方式重大变化，重大检修项目停复役时间变更。

（8）其他按相关要求发送的工作短信。

3. 重大事件短信

（1）因外部原因造成设备紧急停运（如杆塔倾斜、人员爬杆、火灾、抢险等）；水库泄洪、发生泥石流等。

（2）重要人员突然到来等；相关单位违反调度纪律、需要中心领导出面协调等。

（3）上级单位布置任务及完成情况（负荷实测、拉限电、报表数据统计等情况）。

（4）特高压直流闭锁。

第十六章　调度技术支持系统应用

第一节　调度智能操作票系统应用

一、首页

浙江电力调度停电智能管控平台（以下简称操作票系统）集拟票、审票、预令、正令、电子公告牌、统计等功能于一体，实现了网络化下令功能，可极大提升调度倒闸操作效率，其主界面如图 16-1 所示。

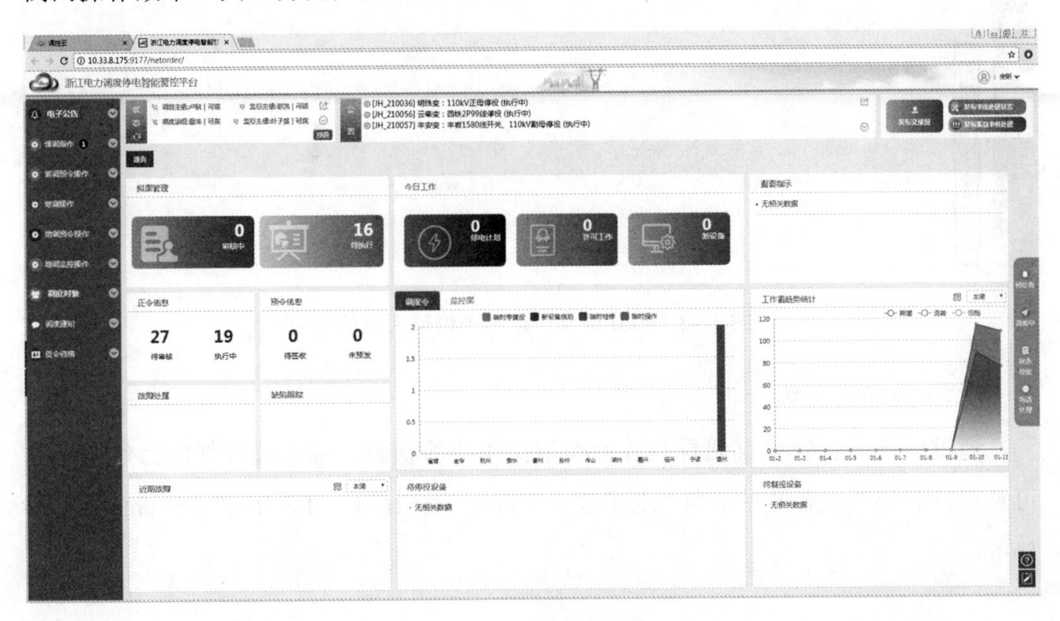

图 16-1　操作票系统主界面

（一）当班状态

首页左上角显示当前当班状态，该当班状态为交接班后自动更新，点击“状态指示”（图 16-2）进入到界面，在此界面可以查询到地调、县调、厂站等的相关值班人员信息（图 16-3）。

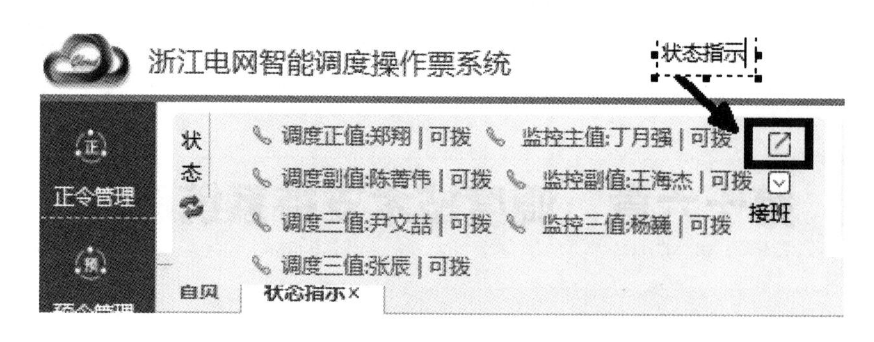

图 16-2　当班状态栏“状态指示”按钮

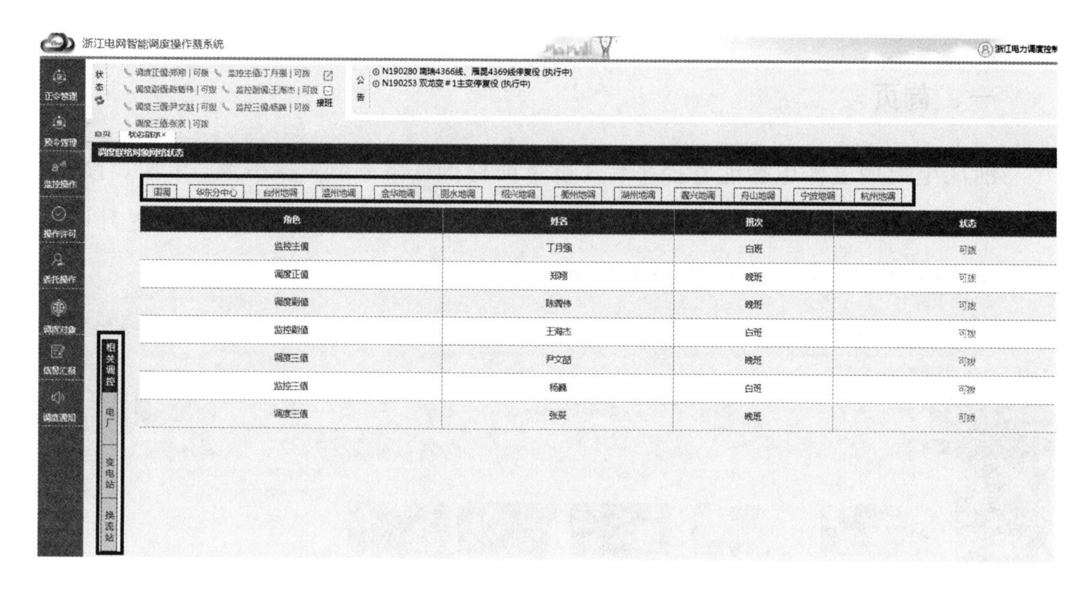

图 16-3　地县调及厂站相关值班人员信息

（二）电子公告牌

通过电子公告牌可直观看到各种类型操作票的状态，单击公告牌内操作票名称可直接打开该票，点击右上角“电子公告”按钮（图 16-4）可弹出电子公告详情（图 16-5）。

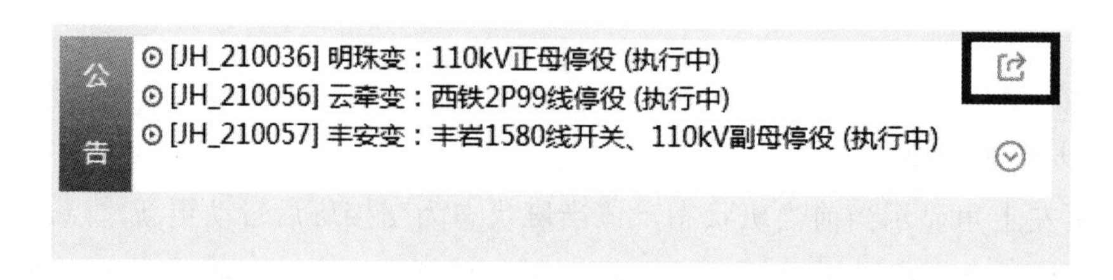

图 16-4　电子公告牌及“电子公告”按钮

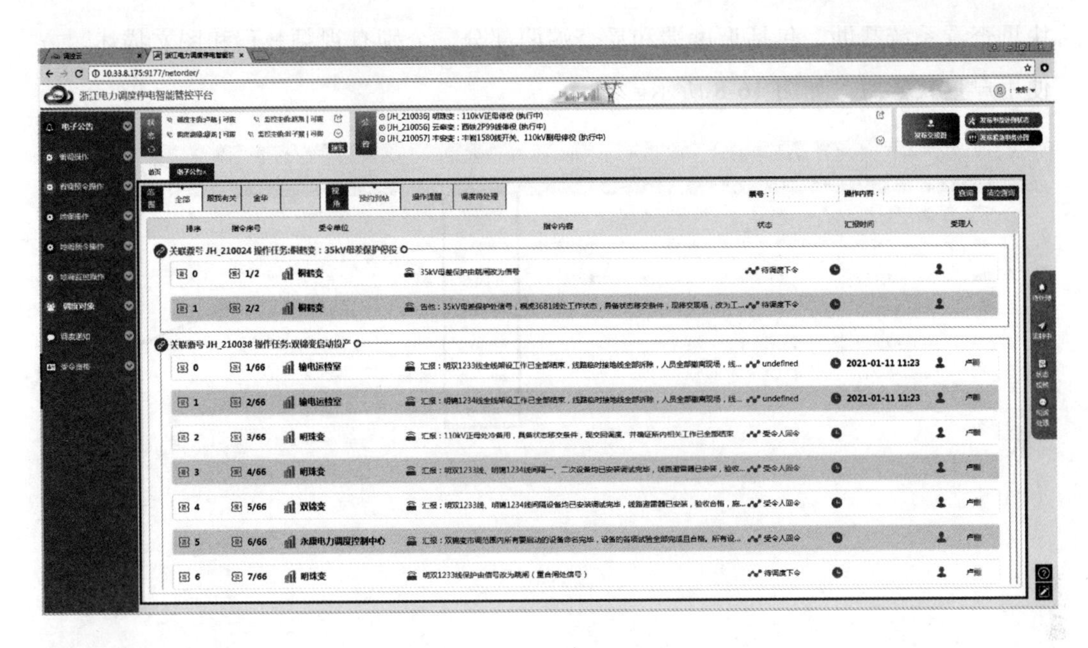

图 16-5　电子公告详情

（三）密码设置

用户可在主界面右上角姓名下拉菜单点击“密码”，进入密码修改界面（图 16-6），可重置密码、更改电话联系方式。

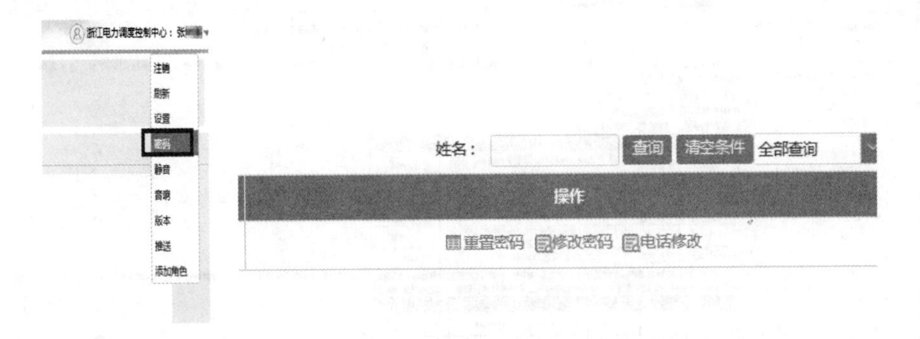

图 16-6　密码修改界面

（四）待处理

待处理浮窗显示当班调度员需处理的信息，单击右侧“待处理”弹出“代办信息列表”，能直观的看的待处理操作票信息所处的环节、需处理什么内容，方便调度员查看，如图 16-7 所示。

（五）系统帮助

系统帮助界面针对用户对系统功能使用不明确，功能有疑问等情况，可在该模块里查看系统帮助，包括调度端和受令端两部分，分别有视频教程和图文描述，方便用户查找学习，如图 16-8 所示。

图 16-7　待处理浮窗

图 16-8　系统帮助界面

（六）问题反馈

问题反馈界面用于用户反馈各类问题。界面中可查看以往提交问题清单，也可新增反馈问题，并提供附件上传功能，如图 16-9 所示。

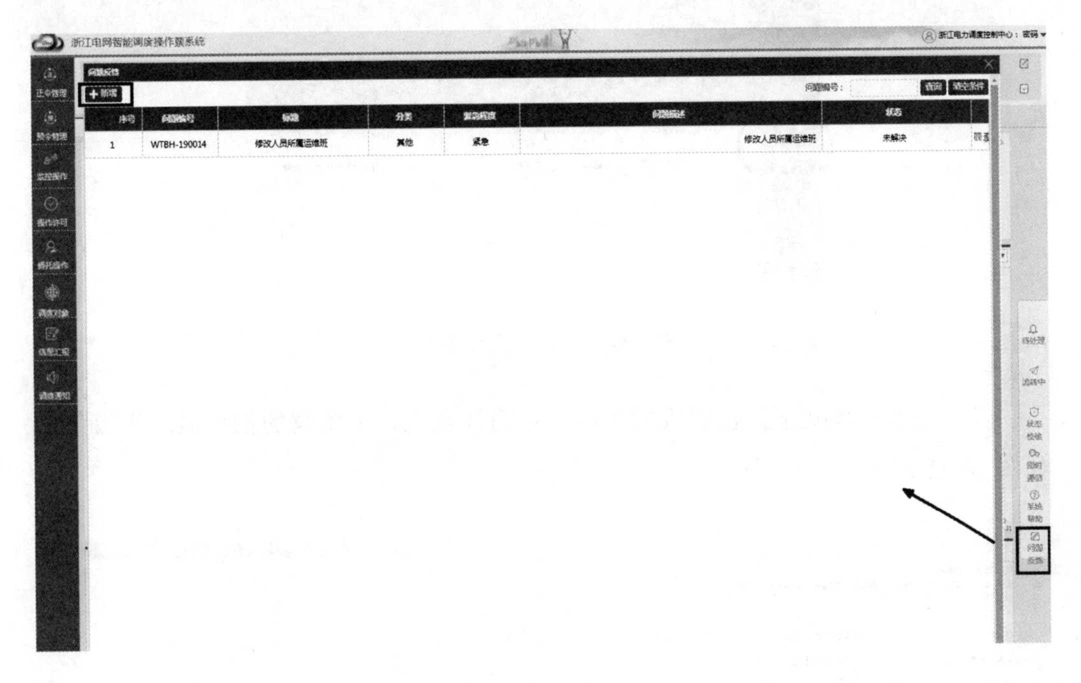

图 16-9　问题反馈界面

二、预令管理

（1）完成操作票审核后，点击“一键预令”按钮完成预令下发，可直接在审核界面点击“预令模式”打开预令签收界面，也可在系统首页左侧功能模块点击“地调预令操作”模块打开预令界面，找到相应的预令待签收和预令已签收操作票，如图 16-10 和图 16-11 所示。

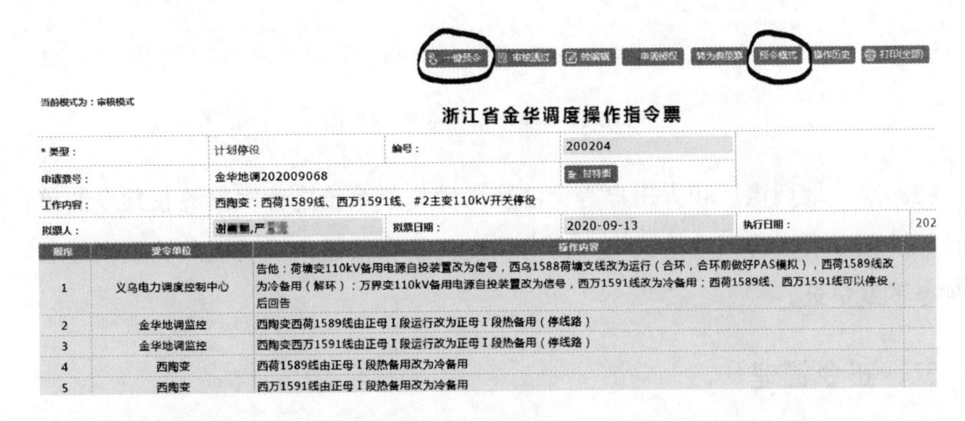

浙江省金华调度操作指令票

* 类型：	计划停役	编号：	200204
申请票号：	金华地调202009068		
工作内容：	西陶变：西荷1589线、西万1591线、#2主变110kV开关停役		
拟票人：	谢■■,严■■	拟票日期：	2020-09-13	执行日期：	202

顺序	受令单位	操作内容
1	义乌电力调度控制中心	告他：荷塘变110kV备用电源自投装置改为信号，西乌1588荷塘支线改为运行（合环，合环前做好PAS模拟），西荷1589线改为冷备用（解环）；万界变110kV备用电源自投装置改为信号，西万1591线改为冷备用；西荷1589线、西万1591线可以停役，后回告
2	金华地调监控	西陶变西荷1589线由正母Ⅰ段运行改为正母Ⅰ段热备用（停线路）
3	金华地调监控	西陶变西万1591线由正母Ⅰ段运行改为正母Ⅰ段热备用（停线路）
4	西陶变	西荷1589线由正母Ⅰ段热备用改为冷备用
5	西陶变	西万1591线由正母Ⅰ段热备用改为冷备用

图 16-10　操作票审核界面“一键预令”与“预令模式”按钮

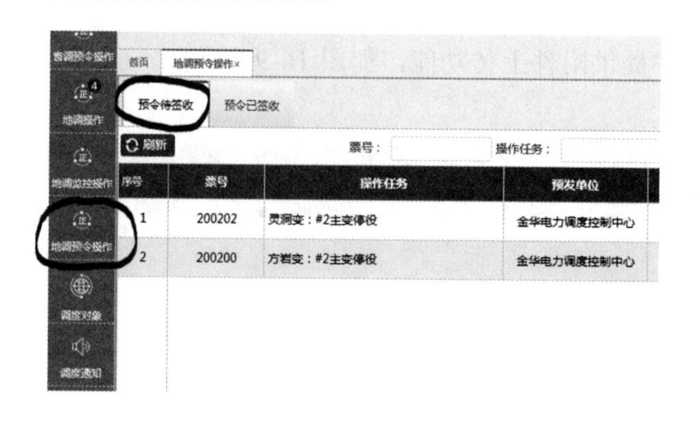

图 16-11　预令操作界面

（2）在预令模式下，已签收的指令显示为浅灰色，未签收的指令显示为黑色，如图 16-12 所示。

当前模式为：签收模式

提示：票面上无"预发时间"的指令为调度还未预发指令，仅供查询

类型：	20190921011	操作票编号：	200200
相关检修单：	金华地调202008178		
操作任务：	方岩变：#2主变停役		
拟票人：	谢[illegible],严[illegible]	填票日期： 2020-09-13	执行日期： 2020-09-15

顺序	受令单位	操作内容	预发时间	签收人	签收时间
1	**浙江电力调度控制中心**	**申请方岩变#2主变停役，#3主变220kV开关改接副母运行，回告同意**	**09-14 09:17**		
2	金华电力调度控制中心	PAS模拟方岩变35kV母分开关改为运行并列潮流（P-jQ= -j MVA I= A；断面号：）	09-14 09:17	杨[illegible](代签)	09-14 09:17
3	方岩变	35kV母分开关备用电源自投装置由跳闸改为信号	09-14 09:17	张[illegible]	09-14 09:32
4	方岩变	35kV母分开关由热备用改为运行（并列）	09-14 09:17	张[illegible]	09-14 09:32
5	方岩变	#2主变35kV开关由运行改为热备用（解列）	09-14 09:17	张[illegible]	09-14 09:32
6	金华电力调度控制中心	PAS模拟方岩变110kV母联开关改为运行并列潮流（P-jQ= -j MVA I= A；断面号：）	09-14 09:17	杨[illegible](代签)	09-14 09:17
7	方岩变	110kV母联开关由热备用改为运行（并列）	09-14 09:17	张[illegible]	09-14 09:32
8	方岩变	#3主变110kV开关由正母运行倒至副母运行	09-14 09:17	张[illegible]	09-14 09:32
9	方岩变	确证：全所负荷在#1、#3主变稳定限额内（256MW）	09-14 09:17	张[illegible]	09-14 09:32
10	方岩变	#2主变110kV开关由副母运行改为副母热备用（解列，注意主变中性点接地方式调整）	09-14 09:17	张[illegible]	09-14 09:32
11	方岩变	确证：220kV母联开关处运行	09-14 09:17	张[illegible]	09-14 09:32
12	方岩变	#3主变220kV开关由正母运行倒至副母运行	09-14 09:17	张[illegible]	09-14 09:32
13	方岩变	#2主变220kV开关由副母运行改为副母热备用（停#2主变）	09-14 09:17	张[illegible]	09-14 09:32
14	方岩变	#2主变由热备用改为冷备用	09-14 09:17	张[illegible]	09-14 09:32
15	方岩变	告他：#2主变处冷备用，具备状态移交条件，现移交现场，改为工作状态后回告	09-14 09:17	张[illegible]	09-14 09:32
16	**浙江电力调度控制中心**	**告他上述**	**09-14 09:17**		
17	永康电力调度控制中心	告他上述	09-14 09:17	李[illegible]	09-14 09:21

审核人：	谢[illegible],严[illegible],康[illegible],王[illegible],余[illegible],杨[illegible]		
预令人：	杨[illegible]	预令时间：	2020-09-14 9:17:32
受令预令地点及人员:	金华电力调度控制中心:杨[illegible](代签);方[illegible]:张[illegible];永康电力调度控制中心:李[illegible];		

图 16-12　操作票预令模式界面

（3）对于地调电厂和大用户等无法登录操作票系统进行网络签收预令的单位，电话下发预令后，再预令模式中点击“调度代签”按钮，手动填入签收人姓名，完成预令下发记录。

三、正令管理

正令分为 11 个流转环节，调度端须当班调度员操作，受令端须与票面指令的受

令单位相匹配的受令人才能操作。

流程：新增拟票→主值审核→下发预令→预令签收→副值申请授权→主值同意授权→电话令/网络令→执行完毕。

（一）拟定中

1. 新增拟票

（1）功能概述。仅支持当班调度员拟票/或设置过“添加权限”的人员。

（2）操作界面。正令管理→拟定中→新增，如图16-13所示。

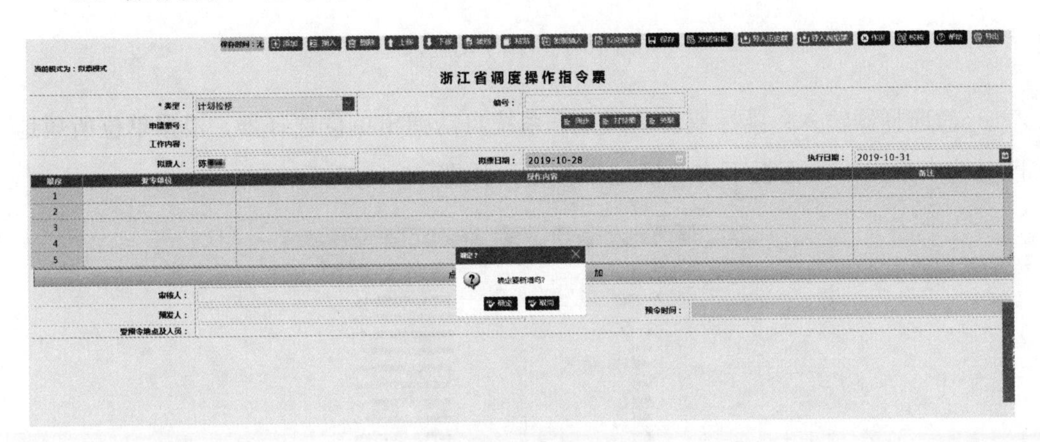

图16-13　新增操作票

（3）基本操作。

1）类型：默认计划检修，支持下拉选择。

2）工作内容：根据实际工作填写。

3）执行时间：默认拟票时间推后3天。

4）受令单位：支持手动半输入、纯手动输入、选择器输入。

a. 手动半输入：输入受令单位前几个字，系统自动查找对应单位选项，可使用鼠标点选或键盘【上下键】选择，然后按【回车键】确定，受令单位填写后可按【TAB键】快速进入指令内容编写，如图16-14所示。

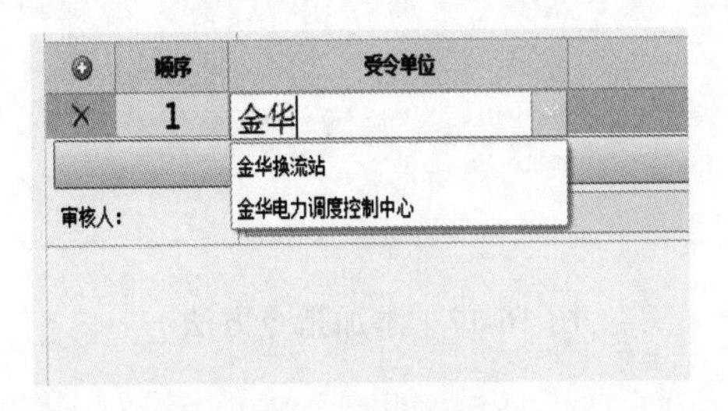

图16-14　手动半输入

b．纯手动输入：若写错或输入存在空格则对预令接收、正令接受会有影响，受令单位填写后可按【TAB 键】快速进入指令内容编写，如图 16-15 所示。

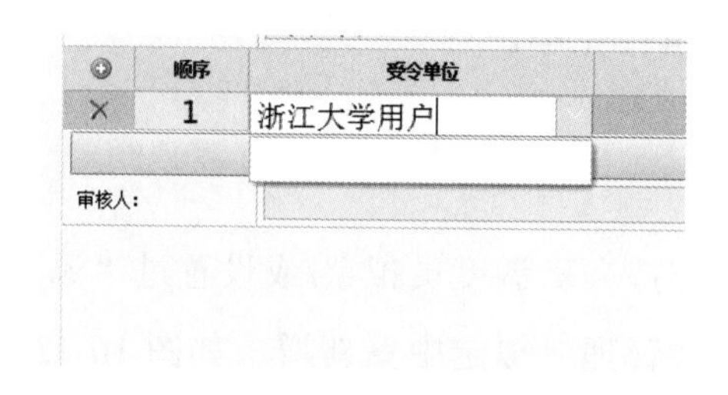

图 16-15　纯手动输入

c．选择器输入：鼠标双击填写处，系统自动弹出单位选择器，根据单位所属地区，选中后，点击面板下方“确定”按钮，如图 16-16 所示。

单位选择器
搜索

受令单位	单位
各级调度	国家电力调度控制中心
浙江	华东电力调度控制分中心
电厂	福建省电力调度控制中心
杭州	安徽省电力调度控制中心
宁波	上海市电力调度控制中心
台州	浙江电力调度控制中心
舟山	杭州电力调度控制中心
温州	宁波电力调度控制中心
金华	台州电力调度控制中心
丽水	舟山电力调度控制中心
衢州	温州电力调度控制中心
绍兴	金华电力调度控制中心
湖州	丽水电力调度控制中心
嘉兴	衢州电力调度控制中心
大用户	绍兴电力调度控制中心
	湖州电力调度控制中心
	嘉兴电力调度控制中心

（建议点选单位或确保手输正确，避免预令、正令无法接受）
受令单位：　确定

图 16-16　选择器输入

5）添加指令。有下列 4 种方法。

a．选中最后一行，按【回车键】系统在票尾自动增加一行空白行，连续按【回车键】支持新增多行。选中非最后一行，按【回车键】不会自增，会选中下一行，如图 16-17 所示。

30	琴江变	庆丰变防全停技术措施可以取消
31		

图 16-17　添加指令方法一

b．点击票尾【点击此行进行添加】按钮，系统在票尾自动增加一行空白行，连续点击支持新增多行，如图 16-18 所示。

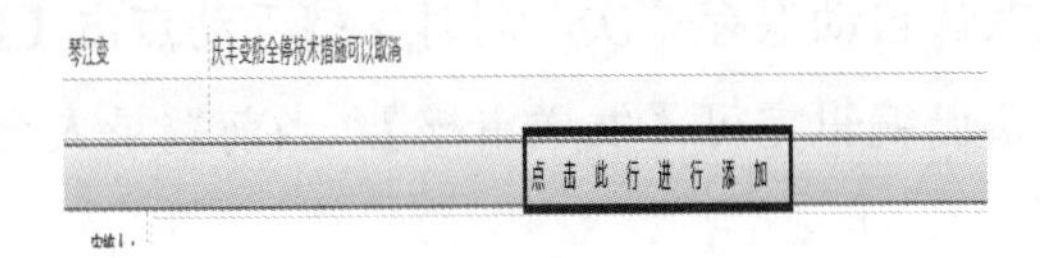

图 16-18　添加指令方法二

c．顶部【添加】按钮，效果同【点击此行进行添加】按钮，如图 16-19 所示。

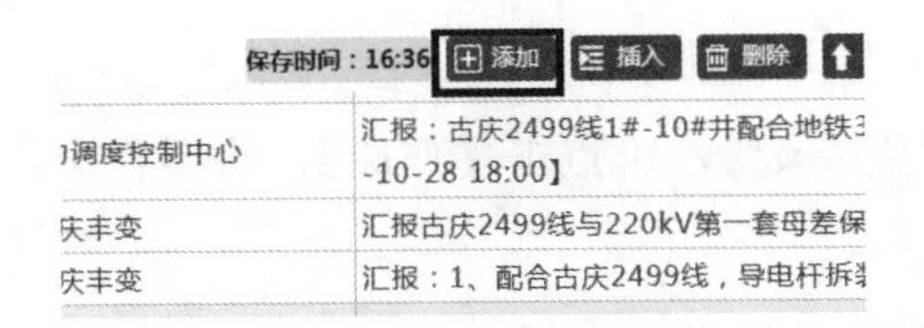

图 16-19　添加指令方法三

d．点击顶部【插入】按钮，支持在选中行上方插入一行空白行，连续点击支持新增多行，如图 16-20 所示。

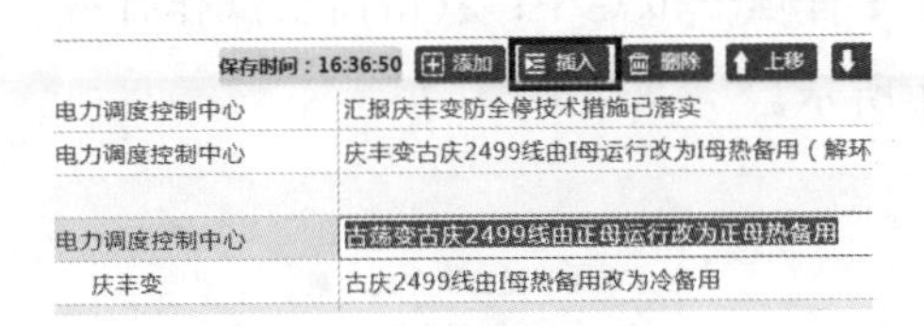

图 16-20　添加指令方法四

6）选中多行指令：按住键盘【Ctrl】＋鼠标点击可跳行选中，按住键盘【shift】＋鼠标点击可选中连续行，选中后的指令背景色提示。

7）删除：选择需要删除的指令，点击【删除】按钮，支持多行同时删除。

8）移动指令顺序：选择需要移动的指令，点击【上移】或者【下移】按钮移动，支持多行同时移动。

9）复制：支持单行和多行复制。

10）复制到指定位置：选中需要复制的指令，点击【复制】按钮，选中需要粘贴的目标指令行，点击【粘贴】按钮。原位置及以后指令将下移。

11）复制到票尾：选中需要复制的指令，点击【复制插入】按钮，选中指令将被复制到票尾。

12）反向成令：选中指令，点击【反向成令】按钮，生成的反向成令默认在票

尾，可通过移动按钮调整顺序。

13）保存：系统默认自动保存一次，同时支持手动点击【保存】按钮支持。

14）发送审核：票已编辑完可【发送审核】，当前登录人会自动填入“审核人”一栏。

15）导入历史票：点击【导入历史票】，支持按票号、工作内容、指令任务、拟票时间搜索历史票，导入当前票中。

16）导入典型票：点击【导入典型票】，支持按票号、工作内容、指令任务、拟票时间搜索典型票，导入当前票中。

17）作废：若不需要该票，可点击【作废】，将票作废，作废的票不支持重新启用，只能重新开票。

18）导出：支持将拟的票导出为 Excel 表。

19）申请票号、拟票人、拟票日期：根据当前状态自动生成。

2. 修改票面

（1）功能概述。仅支持当班调度员修改票面内容。

（2）操作界面。正令管理→拟定中：双击需要操作行或者点击该行右侧【处理】按钮，界面如图 16-21 所示。

浙江省调度操作指令票

*类型：计划检修　　编号：N190263

申请票号：

工作内容：麦门4R53线停复役

拟票人：[illegible]　　拟票日期：2019-10-28　　执行日期：2019-10-31

顺序	发令单位	操作内容	备注
1			
2			
3			
4			
5			
6	浙江省调	确认菱龙4R52线已复役	
7	浙江省调	麦门4R53线停役期间，控制：1.麦屿.菱龙4R52线+麦屿.屿沙4R60线+麦屿.屿岙4R61线 三线≤66万千瓦。	
8	台州电网调控中心	龙门变麦门4R53线由正母运行改为正母热备用（解环）	
9	浙江省调监控	麦屿变麦门4R53线由正母I段运行改为正母I段热备用	
10	麦屿变	麦门4R53线由正母I段热备用改为冷备用	
11	龙门变	[illegible]	

图 16-21　修改票面操作界面

（3）基本操作。

1）发送审核：若票已编辑完成可【发送审核】，当前登录人会自动填入“审核人”一栏。

2）转编辑：若需要修改票面内容，点击【转编辑】，具体修改操作同新增拟票。

3）操作历史：“业务操作记录”可查看整张票的历史操作记录，“指令修改记录”可查看票内具体指令的历史操作记录。

4）导出：支持将拟的票导出为 Excel 表。

（二）审核中

（1）功能概述。仅支持当班调度员审核，执行完之前的所有票，换班或修改票面后需要重新审核。

（2）操作界面。正令管理→审核中：双击需要操作行或者点击该行右侧【处理】按钮界面如图 16-22 所示。

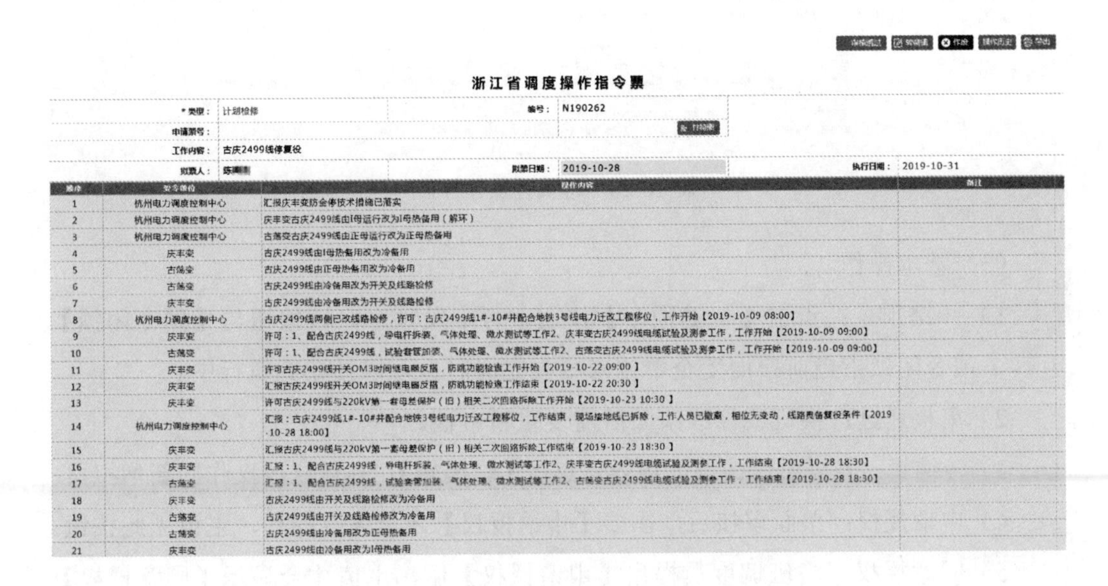

浙江省调度操作指令票

*类型：	计划检修	编号：	N190262
申请票号：			
工作内容：	古庆2499线停复役		
拟票人：	陈	拟票日期：	2019-10-28
执行日期：	2019-10-31		

顺序	发令单位	操作内容	备注
1	杭州电力调度控制中心	汇报庆丰变防全停技术措施已落实	
2	杭州电力调度控制中心	庆丰变古庆2499线由I母运行改为I母热备用（解环）	
3	杭州电力调度控制中心	古荡变古庆2499线由正母运行改为正母热备用	
4	庆丰变	古庆2499线由I母热备用改为冷备用	
5	古荡变	古庆2499线由正母热备用改为冷备用	
6	古荡变	古庆2499线由冷备用改为开关及线路检修	
7	庆丰变	古庆2499线由冷备用改为开关及线路检修	
8	杭州电力调度控制中心	古庆2499线两侧已改线路检修，许可：古庆2499线1#-10#井配合地铁3号线电力迁改工程移位，工作开始【2019-10-09 08:00】	
9	庆丰变	许可：1、配合古庆2499线，导电杆拆装、气体处理、微水测试等工作2、庆丰变古庆2499线电缆试验及测参工作，工作开始【2019-10-09 09:00】	
10	古荡变	许可：1、配合古庆2499线，试验套管加装、气体处理、微水测试等工作2、古荡变古庆2499线电缆试验及测参工作，工作开始【2019-10-09 09:00】	
11	庆丰变	许可古庆2499线开关OM3时间继电器反措，防跳功能检查工作开始【2019-10-22 09:00 】	
12	庆丰变	汇报古庆2499线开关OM3时间继电器反措，防跳功能检查工作结束【2019-10-22 20:30 】	
13	庆丰变	许可古庆2499线与220kV第一套母差保护（旧）相关二次回路拆除工作开始【2019-10-23 10:30 】	
14	杭州电力调度控制中心	汇报：古庆2499线1#-10#井配合地铁3号线电力迁改工程移位，工作结束，现场接地线已拆除，工作人员已撤离，相位无变动，线路具备复役条件【2019-10-28 18:00】	
15	庆丰变	汇报古庆2499线与220kV第一套母差保护（旧）相关二次回路拆除工作结束【2019-10-23 18:30 】	
16	庆丰变	汇报：1、配合古庆2499线，导电杆拆装、气体处理、微水测试等工作2、庆丰变古庆2499线电缆试验及测参工作，工作结束【2019-10-28 18:30】	
17	古荡变	汇报：1、配合古庆2499线，试验套管加装、气体处理、微水测试等工作2、古荡变古庆2499线电缆试验及测参工作，工作结束【2019-10-28 18:30】	
18	庆丰变	古庆2499线由开关及线路检修改为冷备用	
19	古荡变	古庆2499线由开关及线路检修改为冷备用	
20	古荡变	古庆2499线由冷备用改为正母热备用	
21	庆丰变	古庆2499线由冷备用改为I母热备用	

图 16-22　票面审核操作界面

（3）基本操作。

1）审核通过：检查票无误可【审核通过】，当前登录人会自动填入“审核人”一栏。

2）转编辑：若需要修改票面内容，点击【转编辑】，具体修改操作同新增拟票。

3）作废：若不需要该票，可点击【作废】，将票作废，作废的票不支持重新启用，只能重新开票。

4）操作历史：“业务操作记录”可查看整张票的历史操作记录，“指令修改记录”可查看票内具体指令的历史操作记录。

5）导出：支持将拟好的票导出为 Excel 表。

（三）待执行

（1）功能概述。展示审核完毕，未下发的正令或预令。

（2）操作界面。正令管理→待执行：双击需要操作行或者点击该行右侧【处理】

按钮，界面如图 16-23 所示。

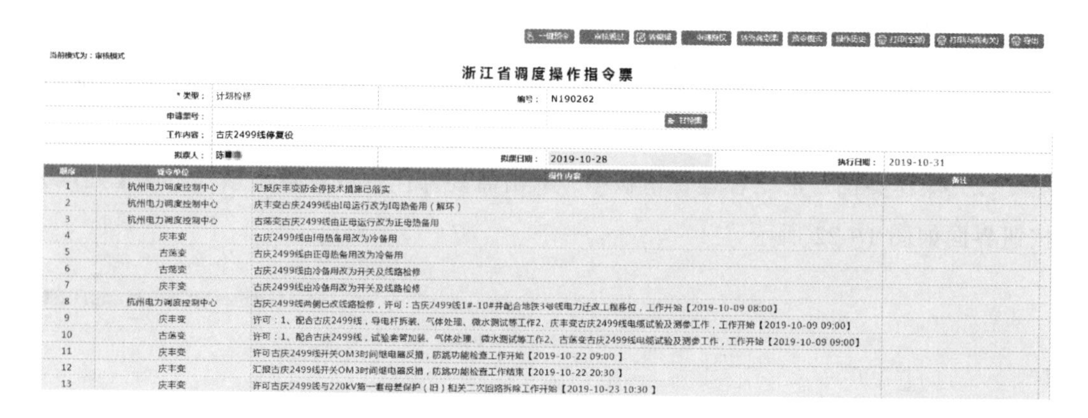
当前模式为：审核模式

浙江省调度操作指令票

*类型：	计划检修	编号：	N190262
申请票号：			
工作内容：	古庆2499线停复役		
拟票人：	陈[illegible]	拟票日期：	2019-10-28
		执行日期：	2019-10-31

顺序	受令单位	操作内容	备注
1	杭州电力调度控制中心	汇报庆丰变防全停技术措施已落实	
2	杭州电力调度控制中心	庆丰变古庆2499线由I母运行改为I母热备用（解环）	
3	杭州电力调度控制中心	古荡变古庆2499线由正母运行改为正母热备用	
4	庆丰变	古庆2499线由I母热备用改为冷备用	
5	古荡变	古庆2499线由正母热备用改为冷备用	
6	古荡变	古庆2499线由冷备用改为开关及线路检修	
7	庆丰变	古庆2499线由冷备用改为开关及线路检修	
8	杭州电力调度控制中心	古庆2499线两侧已改线路检修，许可：古庆2499线1#-10#并配合地铁3号线电力迁改工程移位，工作开始【2019-10-09 08:00】	
9	庆丰变	许可：1、配合古庆2499线，导电杆拆装、气体处理、微水测试等工作2、庆丰变古庆2499线电缆试验及测参工作，工作开始【2019-10-09 09:00】	
10	古荡变	许可：1、配合古庆2499线，试验套管加装、气体处理、微水测试等工作2、古荡变古庆2499线电缆试验及测参工作，工作开始【2019-10-09 09:00】	
11	庆丰变	许可古庆2499线开关OM3时间继电器反措，防跳功能检查工作开始【2019-10-22 09:00 】	
12	庆丰变	汇报古庆2499线开关OM3时间继电器反措，防跳功能检查工作结束【2019-10-22 20:30 】	
13	庆丰变	许可古庆2499线与220kV第一套母差保护（旧）相关二次回路拆除工作开始【2019-10-23 10:30 】	

图 16-23　待执行操作界面

（3）基本操作。

1）一键预令：点击【一键预令】按钮，可下发预令，该按钮与【预令闭锁】互斥，预令闭锁指当前票面受令单位未签收完成时也可以使票到执行中。

2）审核通过：换班或修改票面后需要重新审核。

3）转编辑：若需要修改票面内容，点击【转编辑】，具体修改操作同新增拟票。

4）申请授权：票面审核后，需要【申请授权】才能下令操作，主值无此按钮。

5）同意授权：当班调度员提出【申请授权】后，主值才会显示【同意授权】按钮。

6）转为典型票：点击【转为典型票】按钮，可将该票设置为典型票，支持拟票时引用。

7）预令模式：需要代签受令单位的预令时，点击【预令模式】进入到代签界面。

8）操作历史："业务操作记录"可查看整张票的历史操作记录，"指令修改记录"可查看票内具体指令的历史操作记录。

9）打印（全部）：点击【打印（全部）】，打印整张操作票。

10）打印（与我有关）：点击【打印（与我有关）】，打印与自己有关的操作指令及票头。

11）导出：支持将拟的票导出为 Excel 表。

12）调度下发预令操作：点击【一键预令】后点击【确定】票面上所有受令单位的预令就已下发，等待受令单位签收预令即可，界面如图 16-24 所示。预令下发仅限当班调度员。

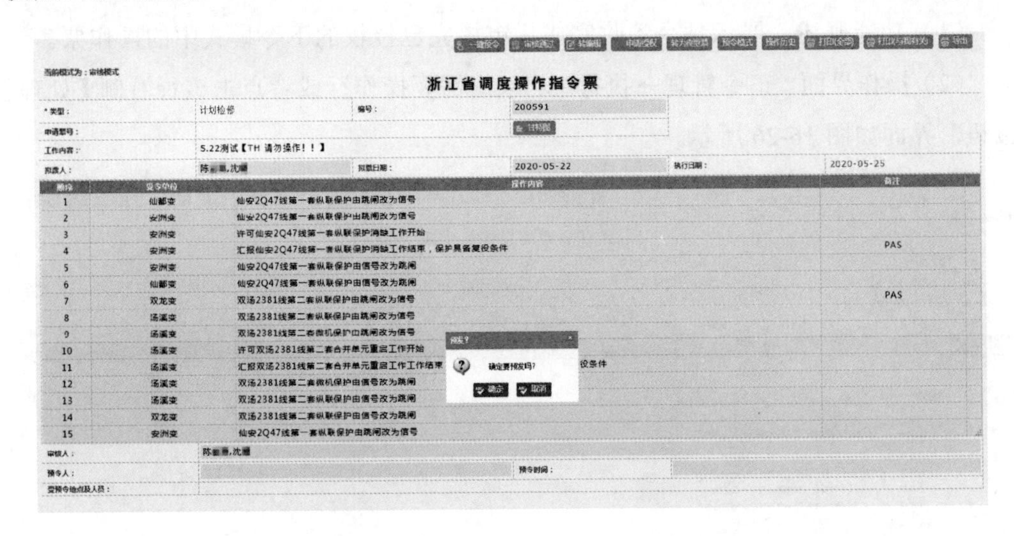

图 16-24 预令下发操作界面

13）预令签收操作：调度下发预令后，受令端会有响铃提醒，一分钟响一次，一共响三次，首页也会有代办水泡提示，和本单位有关的指令会有深色背景色提示，点击签收即可会签上签收人的姓名，界面如图 16-25 所示。

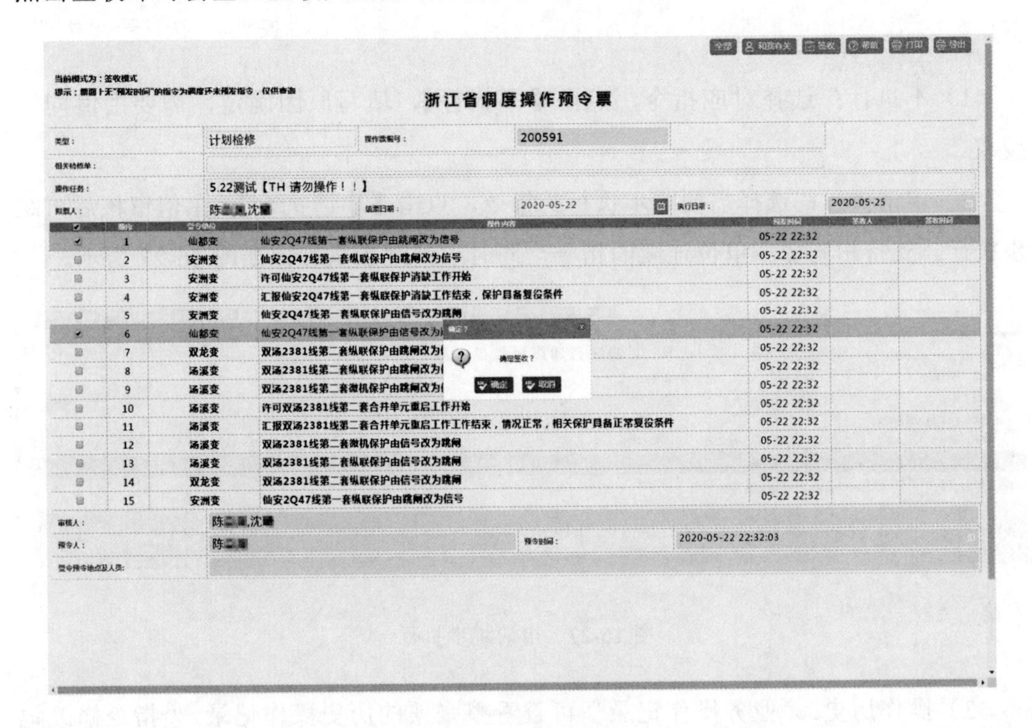

图 16-25 预令签收操作界面

（四）执行中

（1）功能概述。展示预令签收完成后审核完已授权的下令模式中的操作票。

（2）操作界面。正令管理→执行中：双击需要操作行或者点击该行右侧【处理】按钮，界面如图16-26所示。

当前模式为：下令模式

浙江省调度操作指令票

类型：计划检修　票号：N190262

申请书号：

操作任务：古庆2499线停复役

拟票人：陈■■　拟票日期：2019-10-28　执行日期：2019-10-31

顺序	受令单位	操作内容	下令时间	下令人	受令人	监护人	汇报人	汇报时间	备注	执行状态	预发状态
1	杭州电力调度控制中心	汇报庆丰变防全停技术措施已落实								待下令	•••
2	杭州电力调度控制中心	庆丰变古庆2499线由I母运行改为I母热备用（解环）								待下令	•••
3	杭州电力调度控制中心	古荡变古庆2499线由正母运行改为正母热备用								待下令	•••
4	庆丰变	古庆2499线由I母热备用改为冷备用								待下令	•••
5	古荡变	古庆2499线由正母热备用改为冷备用								待下令	•••
6	古荡变	古庆2499线由冷备用改为开关及线路检修								待下令	•••
7	庆丰变	古庆2499线由冷备用改为开关及线路检修								待下令	•••
8	杭州电力调度控制中心	古庆2499线两侧已改线路检修，许可：古庆2499线1#-10#井配合地铁3号线电力迁改工程移位，工作开始【2019-10-09 08:00】								待下令	•••
9	庆丰变	许可：1、配合古庆2499线，导电杆拆装、气体处理、微水测试等工作2、庆丰变古庆2499线电缆试验及测参工作，工作开始【2019-10-09 09:00】								待下令	•••
10	古荡变	许可：1、配合古庆2499线，试验套管加装、气体处理、微水测试等工作2、古荡变古庆2499线电缆试验及测参工作，工作开始【2019-10-09 09:00】								待下令	•••
11	庆丰变	许可古庆2499线开关OM3时间继电器反措，防跳功能检查工作开始【2019-10-22 09:00】								待下令	•••
12	庆丰变	汇报古庆2499线开关OM3时间继电器反措，防跳功能检查工作结束【2019-10-22 20:30】								待下令	•••

图16-26　操作票执行中界面

（3）基本操作。

1）不执行：选择对应指令，点击【不执行】，填写原因确定，需要主值同意授权。

2）申请执行：选择需要跳步执行的指令，点击【申请执行】，主值审核后可跳步执行。支持相同受令单位连续的指令，同时申请跳步执行，如图16-27所示。

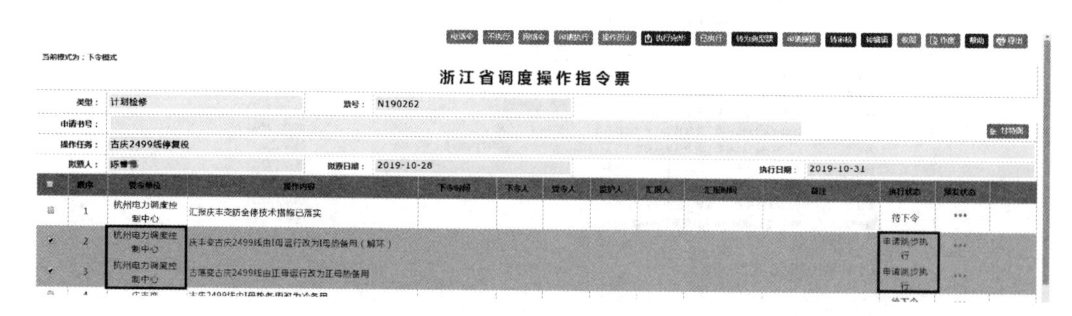

图16-27　申请跳步执行

3）操作历史："业务操作记录"可查看整张票的历史操作记录，"指令修改记录"可查看票内具体指令的历史操作记录。

4）执行完毕：票面所有指令执行过后，点击【执行完毕】使票面跳转到已执行的归档界面。地调端支持票面指令未执行完毕但票是启动票类型可以归档。

5）已执行：针对许可汇报类指令，只需要下令或直接接令，点击【已执行】使指令状态变成已执行。

6）转为典型票：点击【转为典型票】按钮，可将该票设置为典型票，支持拟票时引用。

7）申请授权：换班或修改票面后，需要【申请授权】才能下令操作，主值无此按钮。

8）转审核：换班或修改票面后需要重新审核。

9）转编辑：下令途中支持修改票面内容，点击【转编辑】，具体修改操作同新增拟票，修改后的票需要重新审核才能下令。

10）重新预发：通过【转编辑】修改指令后，点击【重新预发】把修改的指令重新发预令给对应的受令单位（需注意：执行中票面上黑色粗体为签收的指令，灰色已签收）。

11）收回：选中需要收回的指令，点击【回收】按钮，目前暂支持收回“申请不执行”与受令端还未复诵的“受令人复诵”指令。

12）到站：查看当前受令单位到站状态，离线：红色；在线—离站：黄色；在线—到站：绿色

13）作废：若不需要该票，可点击【作废】，将票作废，作废的票不支持重新启用，只能重新开票。

14）导出：支持将拟好的票导出为 Excel 表。

执行中的指令按传输媒介分为电话令和网络令，按指令性质分为许可类和汇报类指令。各指令的功能和操作如下。

（1）电话令。

1）功能概述。当网络令未及时在系统接收，可选择电话令方式流转。

2）基本操作。

a. 检查票面是否允许下令，以下 4 点须同时满足（见图 16-28）：①左上角当前模式为下令模式；②右上角按钮清单中存在电话令、网络令、申请执行、申请授权等按钮；③左下角审核人显示当前班次下令人和监护人的名字；④执行状态中需要执行的指令状态必须为“待执行”。

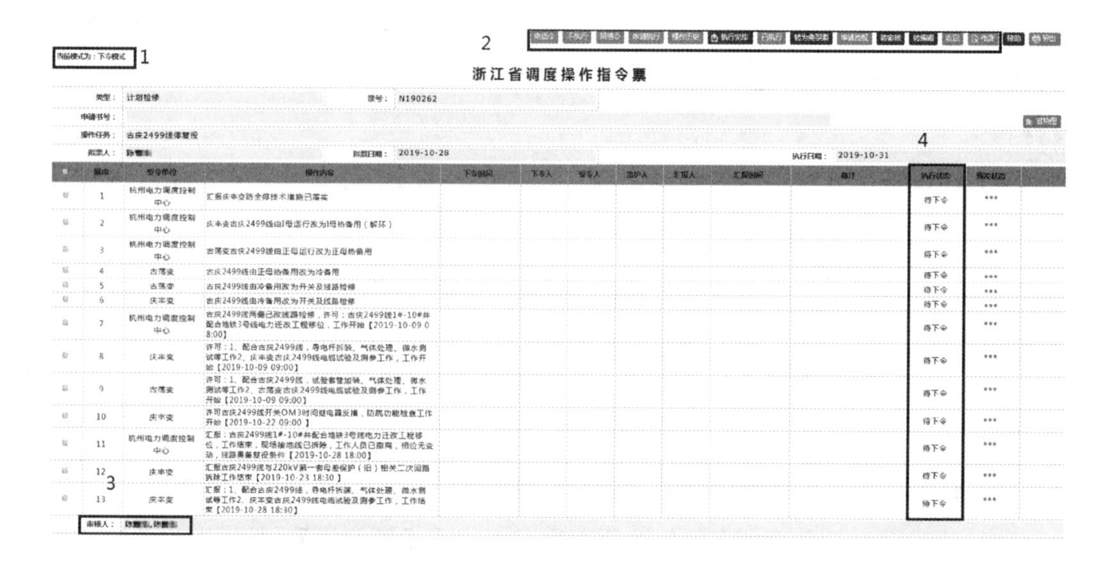

图 16-28　电话令需满足的 4 个条件

b．下电话令：选择指令，点击【电话令】按钮，选择受令人，受令时间支持修改，选定后点击【确定】按钮。如图 16-29 所示。

c．电话令中-执行完毕：勾选【执行完毕】，则该指令已执行，无需电话回令，主要针对许可汇报类指令。如图 16-29 所示。

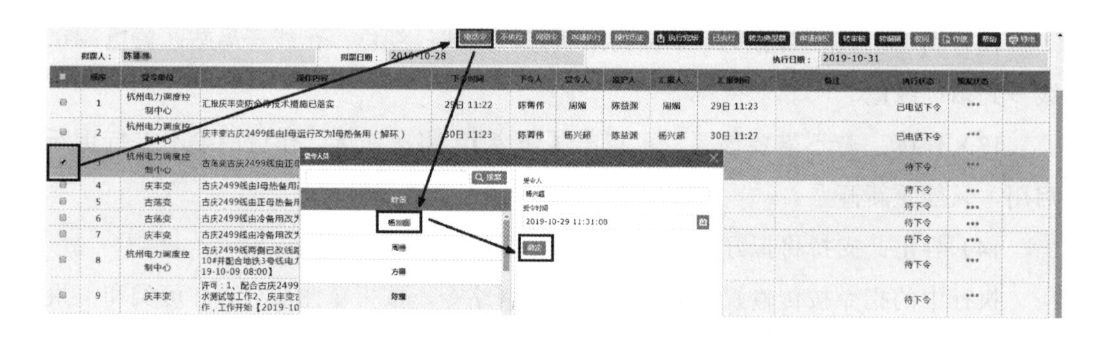

图 16-29　电话令界面

d．回电话令：选择指令，点击【电话令】按钮，选择回令人，完成时间支持修改但不能小于下令时间，选定后点击【确定】按钮。如图 16-30 所示。

（2）网络令。

1）功能概述。网络令分为 6 个流转环节（见图 16-31），一条操作指令是否结束，以调度端已“调度收令”，受令端已“受令人确认”为准。

若网络令过程中出现任何网络异常、电脑设备等问题，均可转电话令执行。

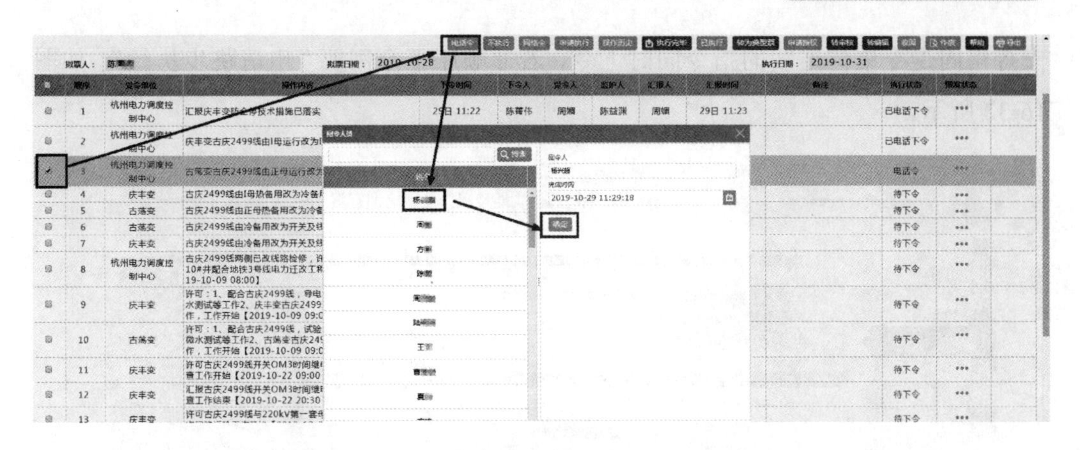

图 16-30　回电话令界面

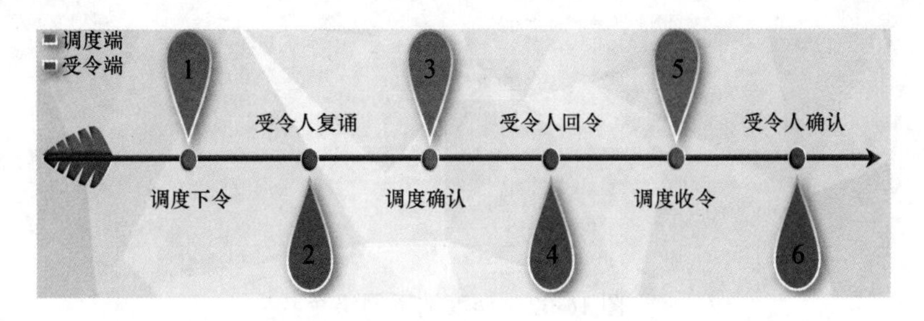

图 16-31　网络令的 6 个流转环节

执行网络令必须满足以下条件。

A．调度端下令条件：

a．必须当班调度员操作。

b．检查票面是否允许下令，以下 4 点须同时满足：①左上角当前模式为下令模式；②右上角按钮清单中存在电话令、网络令、申请执行、申请授权等按钮；③左下角审核人中有显示当前班次下令人和监护人的名字；④执行状态中需要执行的指令状态必须为“待执行”。

B．受令端接令条件：

a．须与票面指令的受令单位相匹配的受令人才能操作。

b．受令单位的电脑 IP 必须与所在变电站绑定，否则无法复诵汇报。

c．除“受令人确认”外，每次复诵和汇报都需要“密码”或“人脸”验证，密码为当前账号的登入密码。

d．详细操作流程看系统帮助 2“网络化下令操作”视频演示。

2）网络令基本操作。

A．调度端下网络令：选择指令，点击【网络令】按钮或双击需要操作指令。

支持相同受令单位连续的指令同时下令，若非顺序下令需要“申请跳步执行”。如图 16-32 所示。

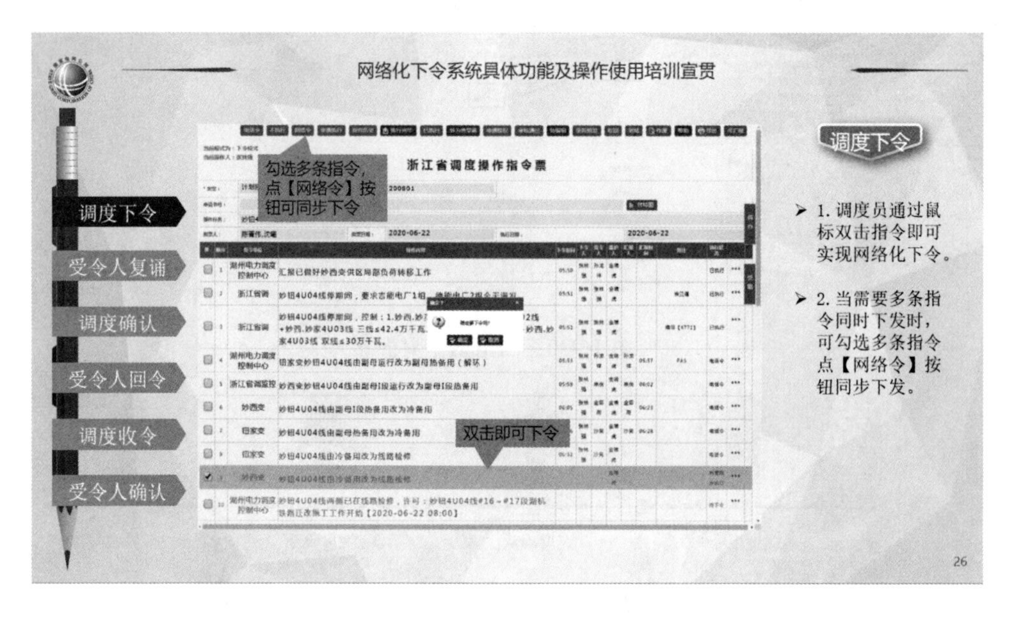

图 16-32 调度端下网络令

B. 受令人复诵：受令端从正令管理或者首页【待处理】打开需要复诵的操作票（见图 16-33）。受令人复诵系统根据指令类型分为“排序复诵”（见图 16-34）和“点选复诵”（见图 16-35）。

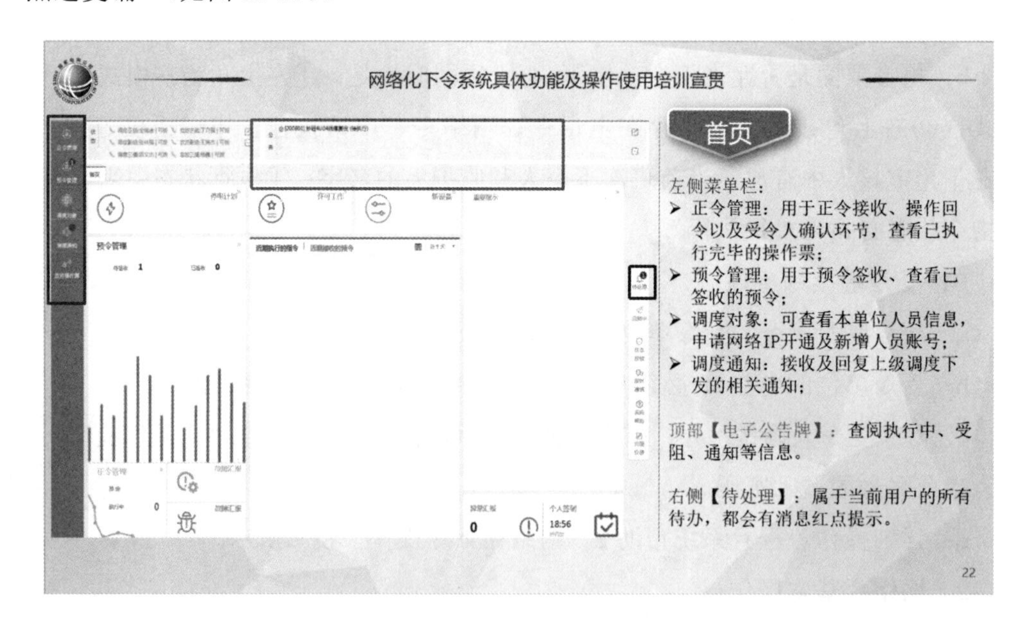

图 16-33 打开受令人复诵界面

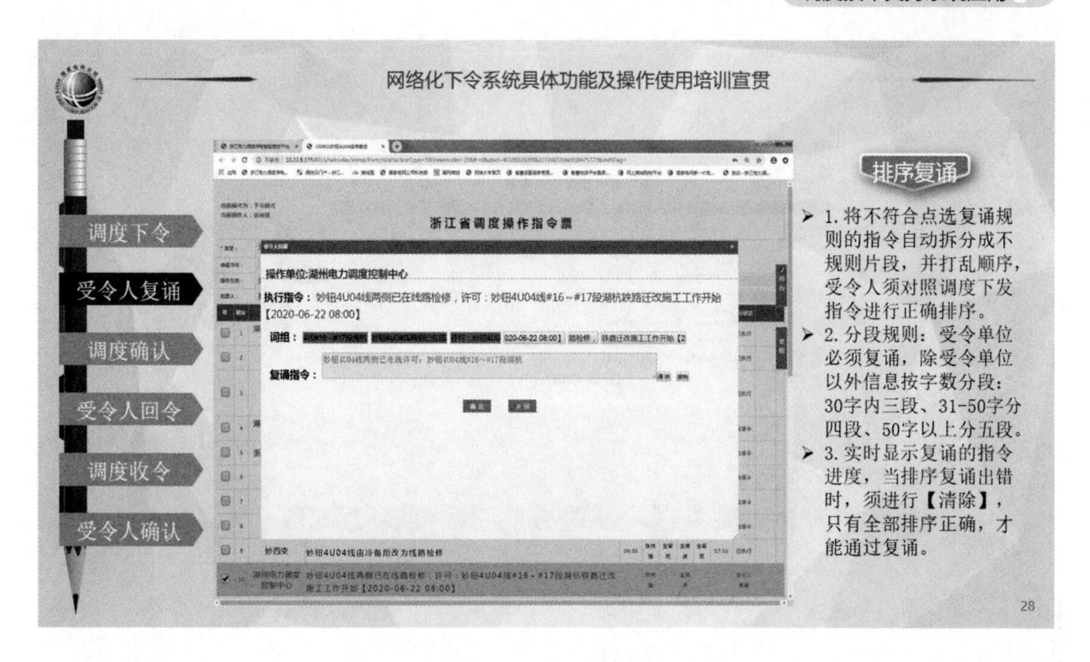

图 16-34 排序复诵

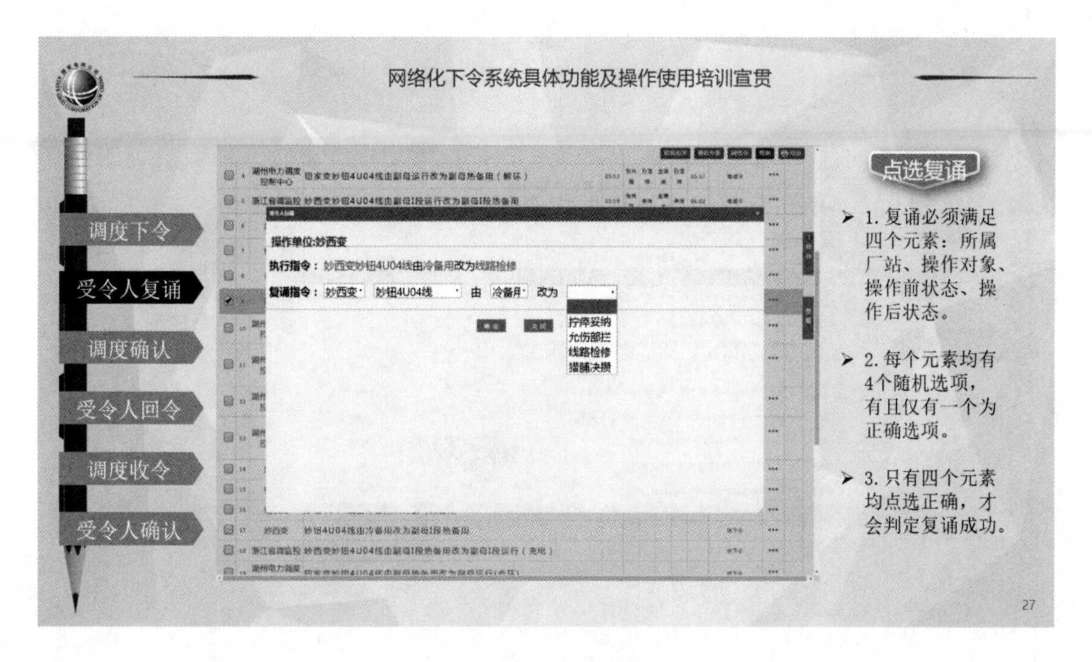

图 16-35 点选复诵

C. 调度端确认复诵：点击【请点击此处进行确认】链接，确认复诵，确认后会自动生成确认人、确认时间、确认结果（见图 16-36）。调度端点击【确认】后填上“下令时间”，此时受令端看到指令执行状态“受令人回令”时就可以去操作了（见图 16-37）。

图 16-36　调度确认

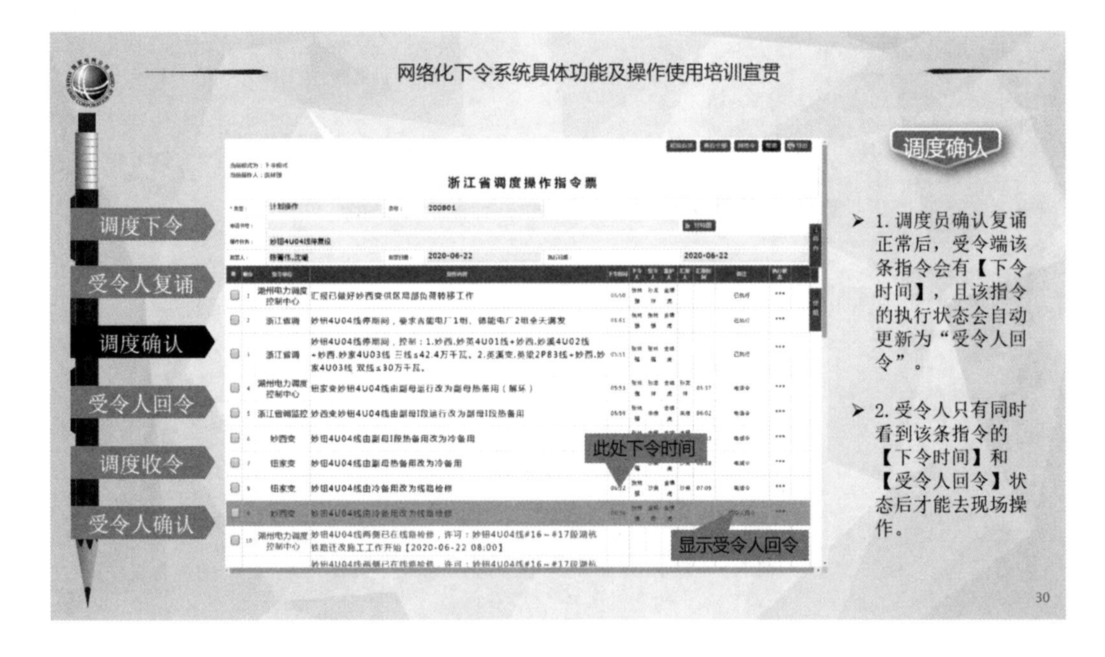

图 16-37　受令端确认

D．受令人汇报：当根据指令内容相关的操作任务执行完成后，即可向调度端汇报。双击需要操作的指令或者点击右上角【网络令】按钮，进入指令操作界面，密码验证/人脸验证通过后进行汇报（见图 16-38）。

E．调度收令：双击深色指令进入，点击网络令面板提示链接，确认并完成收令，此时系统自动填充收令人、收令时间、收令结果信息。此时指令已执行完成，调度员可继续下一指令下发（见图 16-39）。

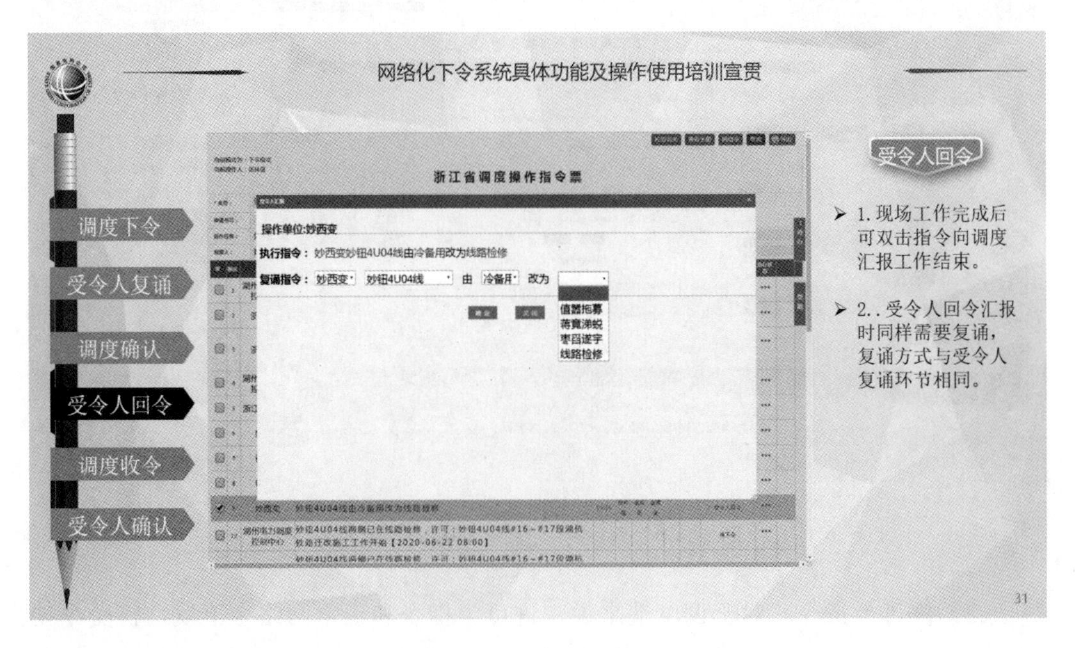

图 16-38　受令人汇报

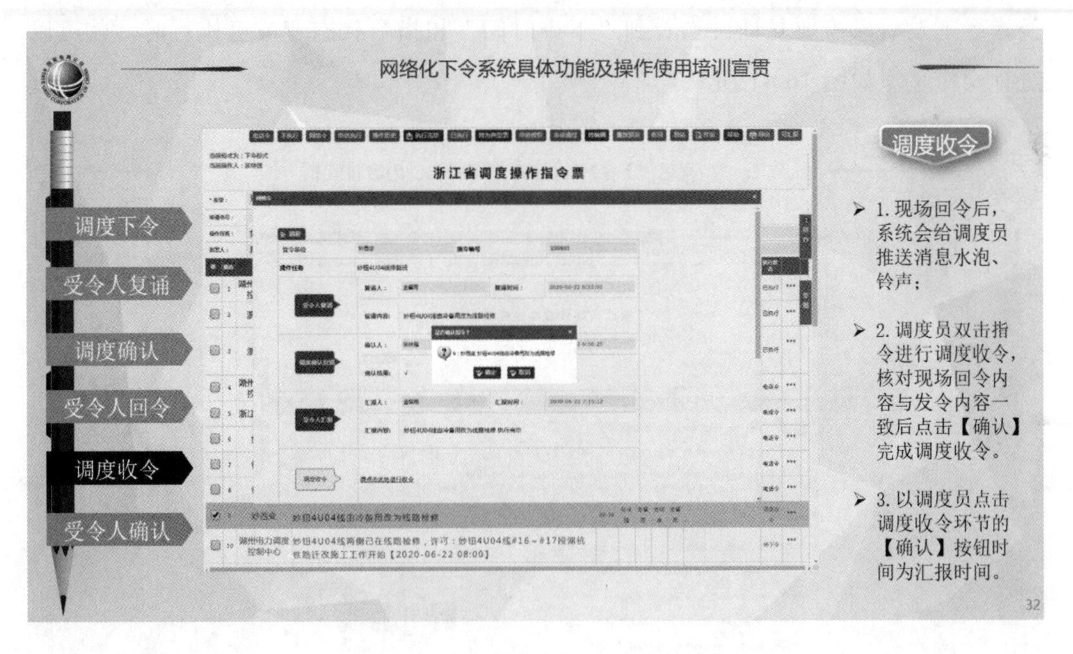

图 16-39　调度端确认后可继续下令

F. 受令人确认：厂站端双击深色指令进入，厂站端确认后调度端实时更新确认情况，“受令人确认”打上√后该网络令流程已执行完毕（见图 16-40）。

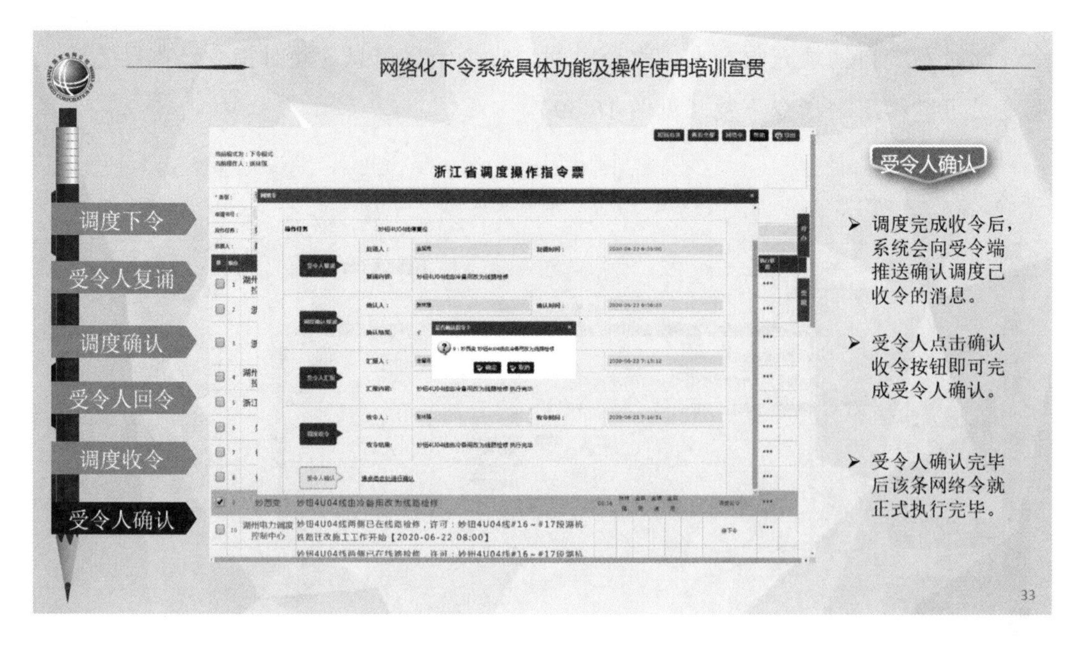

图 16-40　网络令“受令人确认”界面

（3）许可类指令。对于调度端来说，许可类指令和正常网络令下发，待受令端复诵并确认过后就可以勾选指令，点击【已执行】即可。对于受令端来说，当许可类指令下发后只需要复诵，当看到“下令时间”和指令状态变成已执行时，就可以进行操作了。如图 16-41 所示。

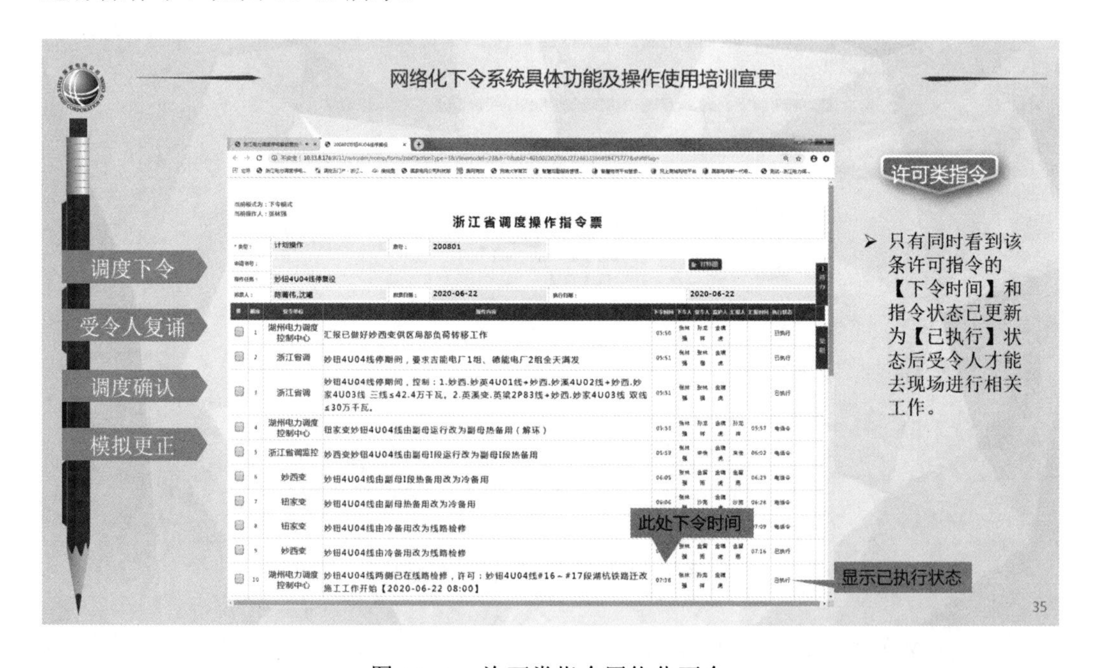

图 16-41　许可类指令网络化下令

（4）汇报类指令。对于调度端来说，只要监护人同意授权后，所有“汇报”字眼开头指令默认已下发，指令执行状态变成“受令人回令”，只需要等待受令端汇报即可。对于受令端当操作票到了执行中并且执行状态变成“受令人汇报”后，可针对根据实际工作情况双击指令进行汇报。如图 16-42 所示。

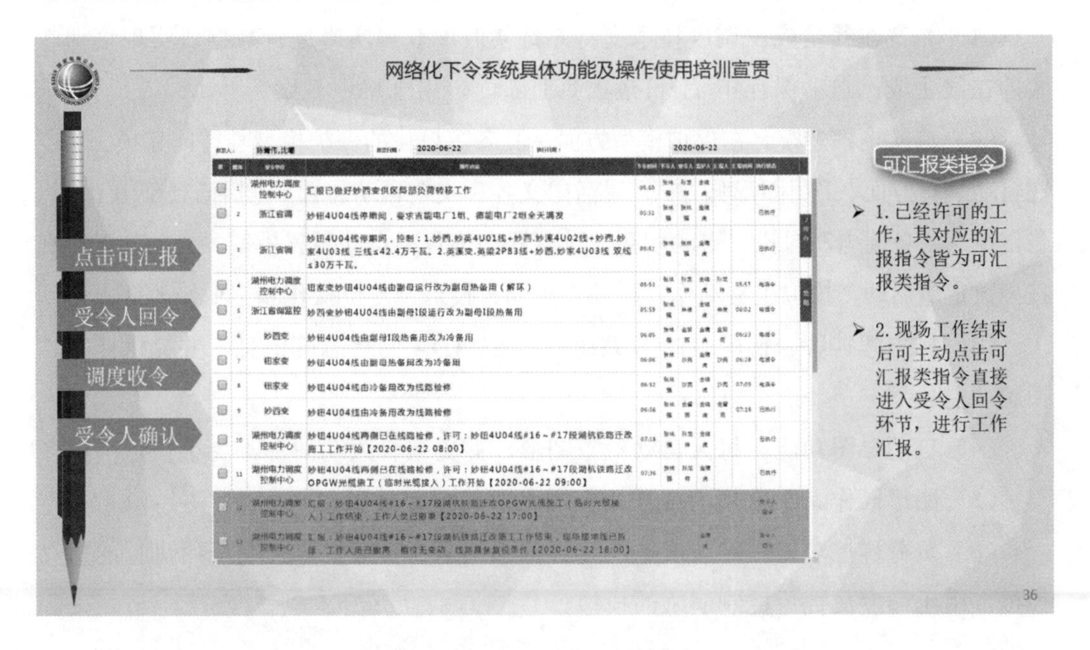

图 16-42　汇报类指令网络化下令

第二节　调控员培训仿真系统应用

一、概况

调控员培训仿真系统（Dispatcher Training System，DTS）是一套计算机系统。它根据被仿真的实际电力系统的数学模型，模拟各种调度操作和故障后的系统工况，并将这些信息送到电力系统控制中心的模型内，为调控员提供一个逼真的培训环境，以达到既不影响实际电力系统的运行，又培训调控员的目的，培训了调控员在正常状态下的操作能力和事故状态下的快速反应能力，也可用做电网调度运行人员分析电网运行的工具。地调 DTS 系统主要用于调控员上岗培训和考试，也可用于地区反事故演习等。

DTS 系统分为教员端和学员端。教员端可以进行教案编辑、导入等，可以模拟设置故障点、故障时间和设备异常等；学员端接收教员端发送的教案，按时间先后分别模拟发生各种故障，学员需要进行模拟操作，包括开关闸刀操作、电厂出力调整等，完成整个事故处理，确保电网潮流电压合格、停电负荷全部送出。

调控员培训仿真系统的功能主要有：

（1）教案在线生成。调度技术支持系统实时库获得实时运行数据，实现培训教案的在线生成；自动保存年/月/日最大负荷断面，用于培训教案。

（2）二次设备建模。在保护模型方面，具备模板化的保护模型与智能建模工具。在自动装置方面，采用图形化方式，灵活定义各种安全自动装置，包括低频/低压减载、稳定控制、备用电源自投、自动解列、过载联动等各种自动装置模型；自动装置仿真按参数定值启动，模拟正常动作、误动、拒动、投退、复位操作和定值修改等。

（3）标志牌挂牌、摘牌。DTS 系统同步 SCADA 的标志牌信息，并提供挂牌、摘牌功能。

（4）自动导图功能。每天自动检查图形，并更新有改动图形，免维护。

（5）图形操作。DTS 所有操作均在图上，简单、易用。

（6）负荷群控功能。对调度电能量管理系统中的负荷批量控制应用进行的仿真模拟，用于调度员批量控制演练的模拟。

二、教案制作及 DTS 启动

点击 DTS 控制台上的“教案制作”按钮，弹出教案制作界面，点击“新建”，选择教案来源，进行教案制作，如图 16-43 和图 16-44 所示。

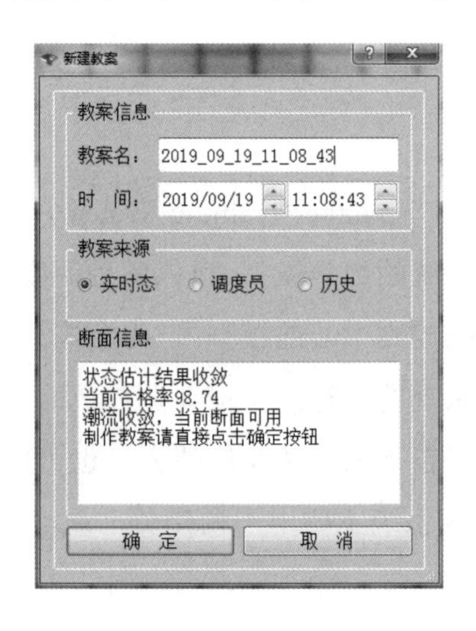

图 16-43　新建教案

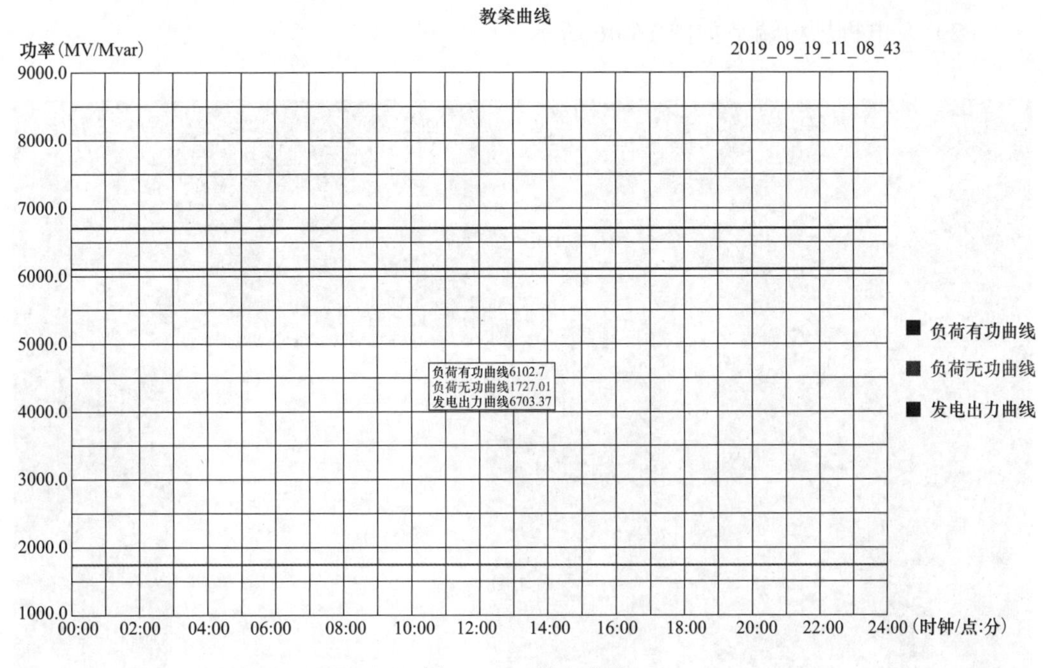

图 16-44　教案曲线

三、图形操作、设置故障

点击 DTS 控制台上的“教员台”按钮，在界面中可进行相关图形操作。

（1）开关闸刀操作（开关刀闸综合令）如图 16-45 所示。

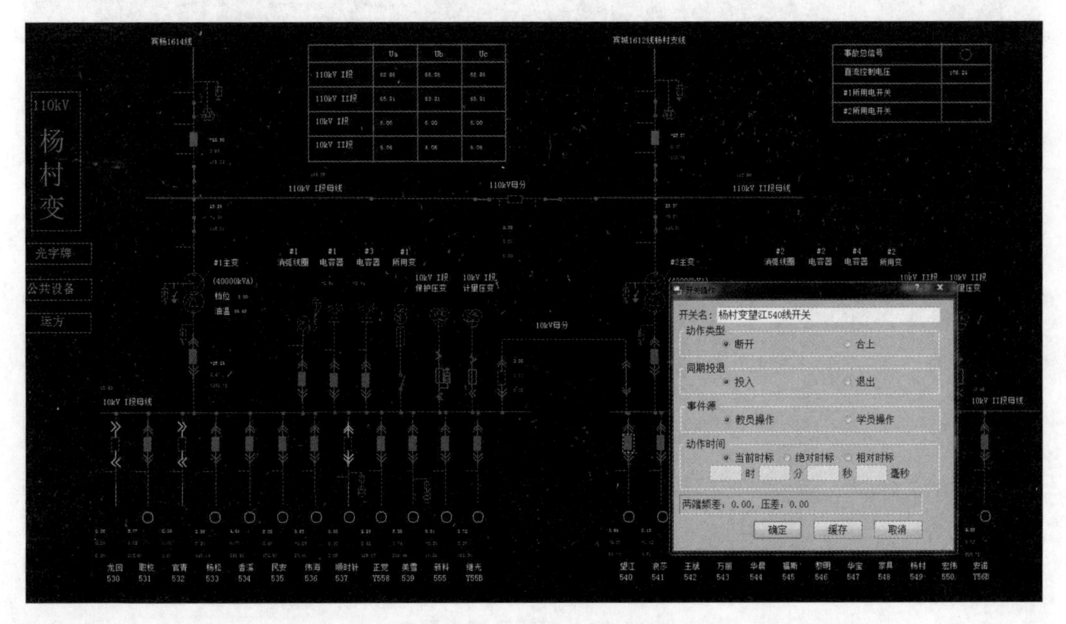

图 16-45　开关闸刀操作

（2）发电机出力调节如图 16-46 所示。

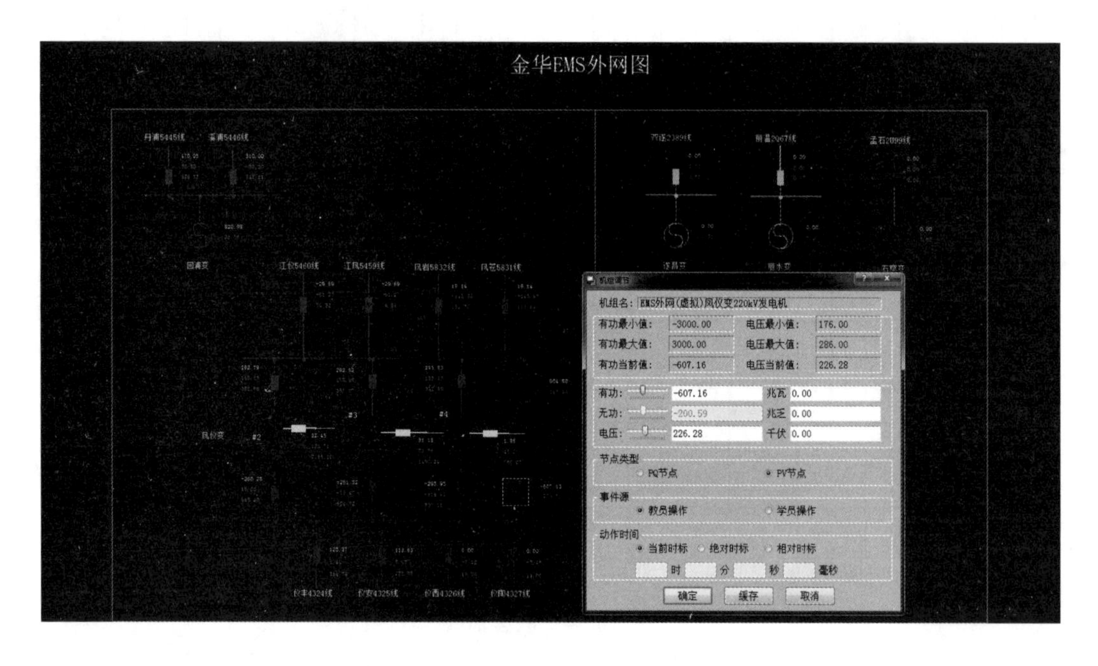

图 16-46　发电机出力调节

（3）变压器挡位调节如图 16-47 所示。

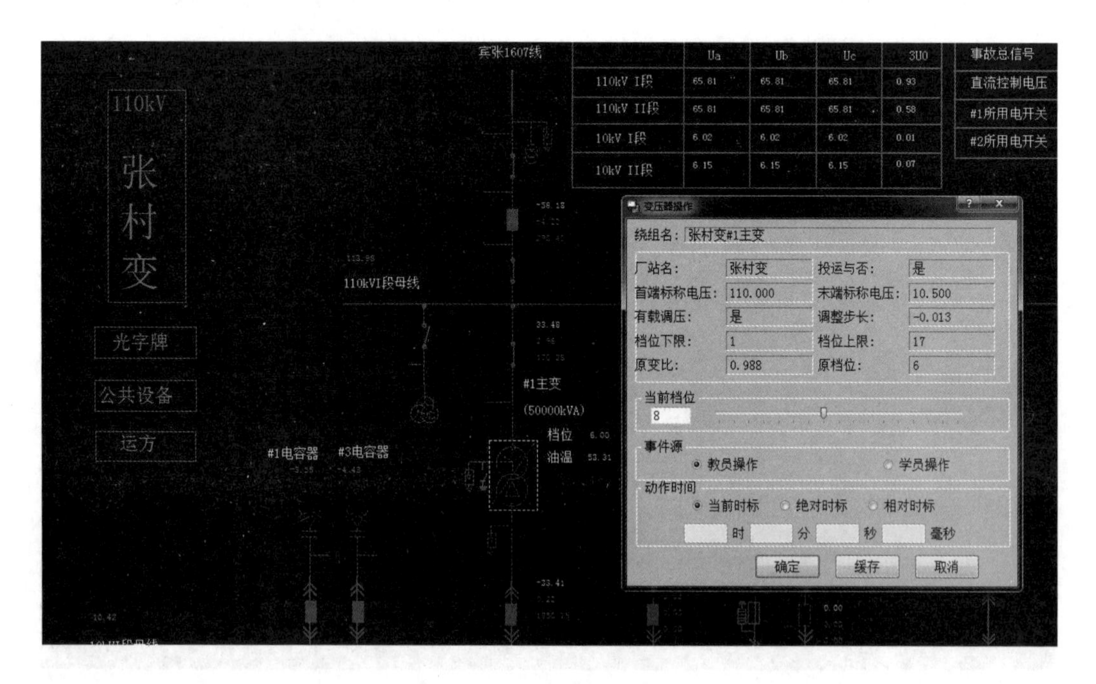

	Ua	Ub	Uc	3U0
110kV I段	65.81	65.81	65.81	0.93
110kV II段	65.81	65.81	65.81	0.58
10kV I段	6.02	6.02	6.02	0.01
10kV II段	6.15	6.15	6.15	0.07

图 16-47　变压器挡位调节

（4）设置电气故障。

1）线路三相短路故障如图 16-48～图 16-50 所示。

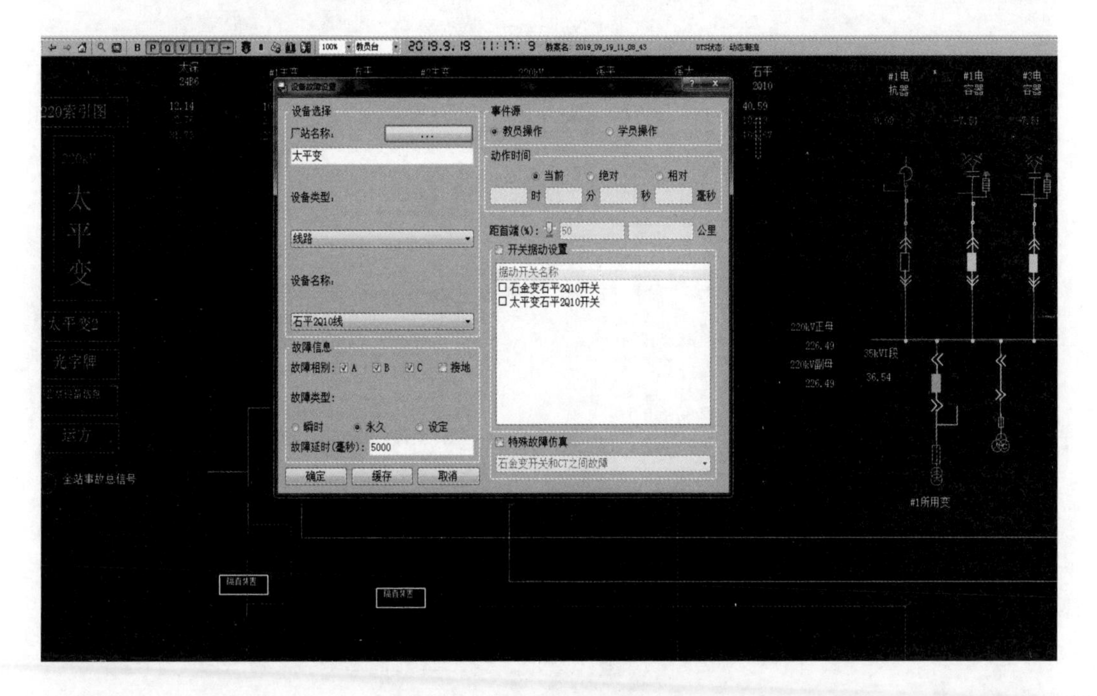

图 16-48　设置线路三相短路故障

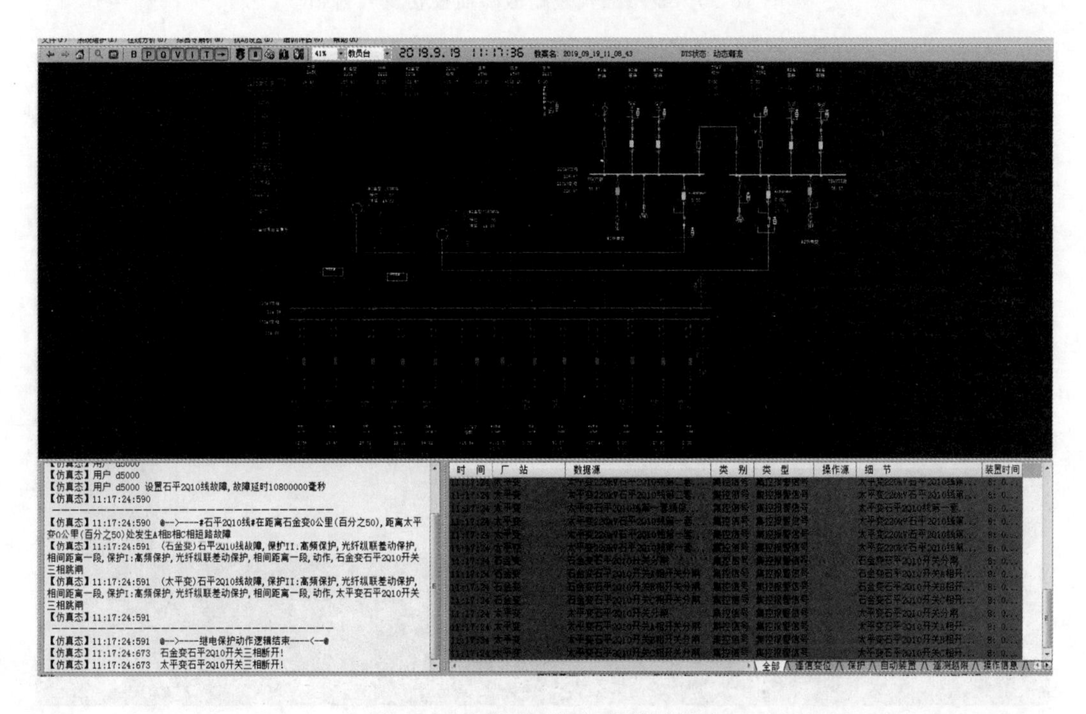

图 16-49　线路三相短路故障信息

2）主变压器绕组三相短路故障如图 16-51～图 16-53 所示。

厂站过滤 全部厂站 区域过滤 金华监控责任区 锁定

全部信息 | 事故信息 | 异常信息 | 变位信息 | 越限信息 | 告知信息 | 系统运行信息

未复归	11:17:24.611	石金变	<1>石金变220kV石平2Q10线第二套保护A相跳闸出口 动作
未复归	11:17:24.611	石金变	<1>石金变220kV石平2Q10线第二套保护B相跳闸出口 动作
未复归	11:17:24.611	石金变	<1>石金变220kV石平2Q10线第二套保护C相跳闸出口 动作
未复归	11:17:24.611	石金变	<1>石金变石平2Q10线第一套保护出口 动作
未复归	11:17:24.611	石金变	<1>石金变220kV石平2Q10线第一套保护C相跳闸出口 动作
未复归	11:17:24.611	石金变	<1>石金变220kV石平2Q10线第一套保护A相跳闸出口 动作
未复归	11:17:24.611	石金变	<1>石金变220kV石平2Q10线第一套保护B相跳闸出口 动作
未复归	11:17:24.611	太平变	<1>太平变石平2Q10线第二套线保护出口 动作
未复归	11:17:24.611	太平变	<1>太平变220kV石平2Q10线第二套保护A相跳闸出口 动作
未复归	11:17:24.611	太平变	<1>太平变220kV石平2Q10线第二套保护B相跳闸出口 动作
未复归	11:17:24.611	太平变	<1>太平变220kV石平2Q10线第二套保护C相跳闸出口 动作
未复归	11:17:24.611	太平变	<1>太平变石平2Q10线第一套线保护出口 动作
未复归	11:17:24.611	太平变	<1>太平变220kV石平2Q10线第一套保护C相跳闸出口 动作
未复归	11:17:24.611	太平变	<1>太平变220kV石平2Q10线第一套保护A相跳闸出口 动作
未复归	11:17:24.611	太平变	<1>太平变220kV石平2Q10线第一套保护B相跳闸出口 动作
未复归	11:17:24.631	石金变	<4>石金变石平2Q10开关 分闸
未复归	11:17:24.631	石金变	<4>石金变石平2Q10开关A相开关 分闸
未复归	11:17:24.631	石金变	<4>石金变石平2Q10开关B相开关 分闸
未复归	11:17:24.631	石金变	<4>石金变石平2Q10开关C相开关 分闸
未复归	11:17:24.631	太平变	<4>太平变石平2Q10开关 分闸
未复归	11:17:24.631	太平变	<4>太平变石平2Q10开关A相开关 分闸
未复归	11:17:24.631	太平变	<4>太平变石平2Q10开关B相开关 分闸
未复归	11:17:24.631	太平变	<4>太平变石平2Q10开关C相开关 分闸

未确认	11:17:24.611	太平变	<1>太平变220kV石平2Q10线第二套保护A相跳闸出口 动作
未确认	11:17:24.611	太平变	<1>太平变220kV石平2Q10线第二套保护B相跳闸出口 动作
未确认	11:17:24.611	太平变	<1>太平变220kV石平2Q10线第二套保护C相跳闸出口 动作
未确认	11:17:24.611	太平变	<1>太平变石平2Q10线第一套线保护出口 动作
未确认	11:17:24.611	太平变	<1>太平变220kV石平2Q10线第一套保护C相跳闸出口 动作
未确认	11:17:24.611	太平变	<1>太平变220kV石平2Q10线第一套保护A相跳闸出口 动作
未确认	11:17:24.611	太平变	<1>太平变220kV石平2Q10线第一套保护B相跳闸出口 动作
未确认	11:17:24.631	石金变	<4>石金变石平2Q10开关 分闸
未确认	11:17:24.631	石金变	<4>石金变石平2Q10开关A相开关 分闸
未确认	11:17:24.631	石金变	<4>石金变石平2Q10开关B相开关 分闸
未确认	11:17:24.631	石金变	<4>石金变石平2Q10开关C相开关 分闸
未确认	11:17:24.631	太平变	<4>太平变石平2Q10开关 分闸
未确认	11:17:24.631	太平变	<4>太平变石平2Q10开关A相开关 分闸
未确认	11:17:24.631	太平变	<4>太平变石平2Q10开关B相开关 分闸
未确认	11:17:24.631	太平变	<4>太平变石平2Q10开关C相开关 分闸

图 16-50　线路三相短路故障监控仿真告警窗

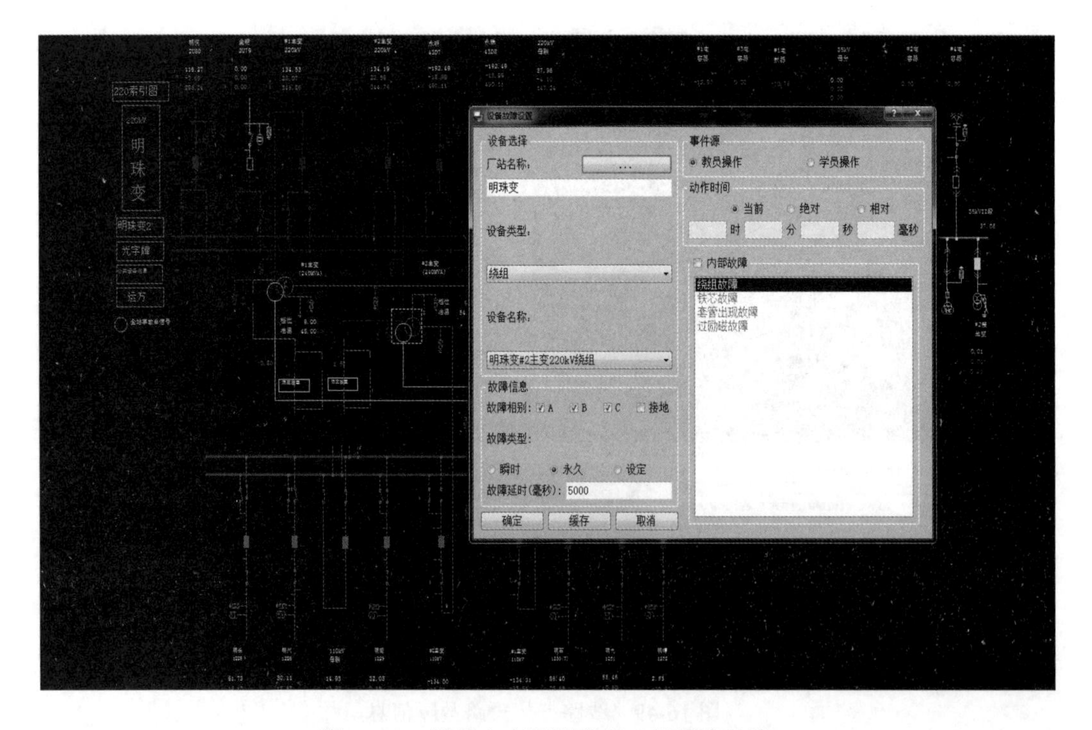

图 16-51　设置主变压器绕组三相短路故障

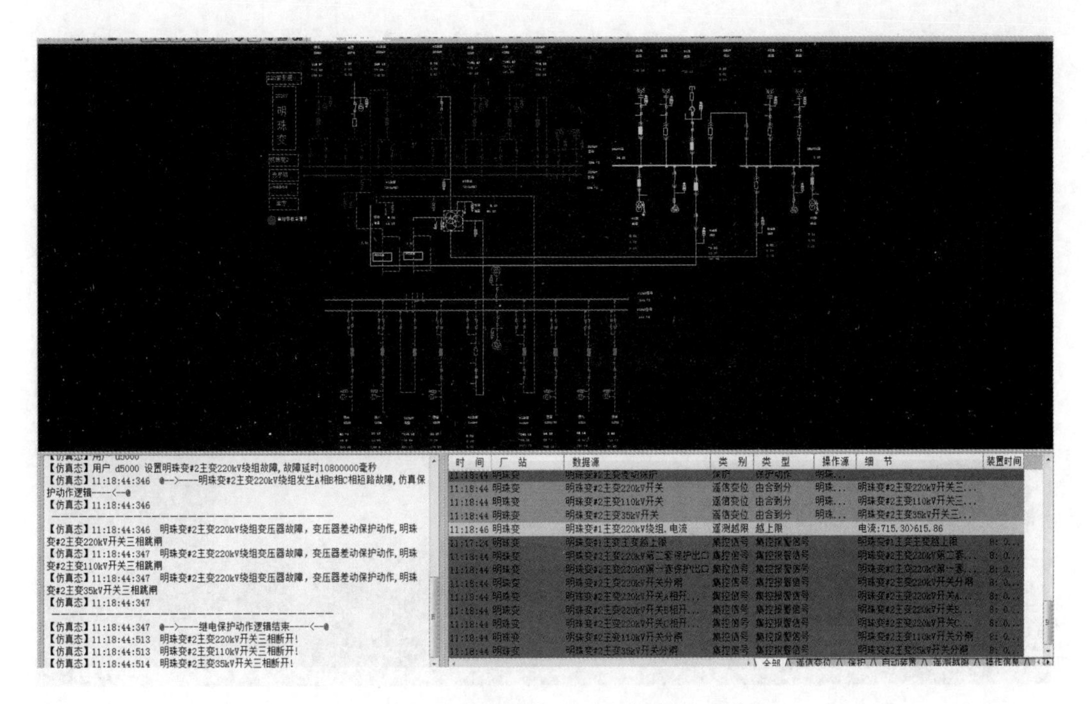

图 16-52　主变压器绕组三相短路故障信息

厂站过滤　全部厂站　区域过滤　金华监控责任区　锁定

全部信息　事故信息　异常信息　变位信息　越限信息　告知信息　系统运行信息

未复归	11:17:24.631	明珠变	<3>明珠变#1主变主变越上限　动作
未复归	11:18:44.366	明珠变	<1>明珠变#2主变220kV第二套保护出口　动作
未复归	11:18:44.366	明珠变	<1>明珠变#2主变220kV第一套保护出口　动作
未复归	11:18:44.366	明珠变	<4>明珠变#2主变220kV开关 分闸
未复归	11:18:44.366	明珠变	<4>明珠变#2主变220kV开关A相开关 分闸
未复归	11:18:44.366	明珠变	<4>明珠变#2主变220kV开关B相开关 分闸
未复归	11:18:44.366	明珠变	<4>明珠变#2主变220kV开关C相开关 分闸
未复归	11:18:44.367	明珠变	<4>明珠变#2主变110kV开关 分闸
未复归	11:18:44.367	明珠变	<4>明珠变#2主变35kV开关 分闸

未确认	11:17:24.631	石金变	<4>石金变石平2Q10开关A相开关 分闸
未确认	11:17:24.631	石金变	<4>石金变石平2Q10开关B相开关 分闸
未确认	11:17:24.631	石金变	<4>石金变石平2Q10开关C相开关 分闸
未确认	11:17:24.631	太平变	<4>太平变石平2Q10开关 分闸
未确认	11:17:24.631	太平变	<4>太平变石平2Q10开关A相开关 分闸
未确认	11:17:24.631	太平变	<4>太平变石平2Q10开关B相开关 分闸
未确认	11:17:24.631	太平变	<4>太平变石平2Q10开关C相开关 分闸
未确认	11:17:24.631	明珠变	<3>明珠变#1主变主变越上限　动作
未确认	11:18:44.366	明珠变	<1>明珠变#2主变220kV第二套保护出口　动作
未确认	11:18:44.366	明珠变	<1>明珠变#2主变220kV第一套保护出口　动作
未确认	11:18:44.366	明珠变	<4>明珠变#2主变220kV开关 分闸
未确认	11:18:44.366	明珠变	<4>明珠变#2主变220kV开关A相开关 分闸
未确认	11:18:44.366	明珠变	<4>明珠变#2主变220kV开关B相开关 分闸
未确认	11:18:44.366	明珠变	<4>明珠变#2主变220kV开关C相开关 分闸
未确认	11:18:44.367	明珠变	<4>明珠变#2主变110kV开关 分闸
未确认	11:18:44.367	明珠变	<4>明珠变#2主变35kV开关 分闸

图 16-53　主变压器绕组三相短路故障监控仿真告警窗

3）主变压器内部故障如图 16-54～图 16-56 所示。

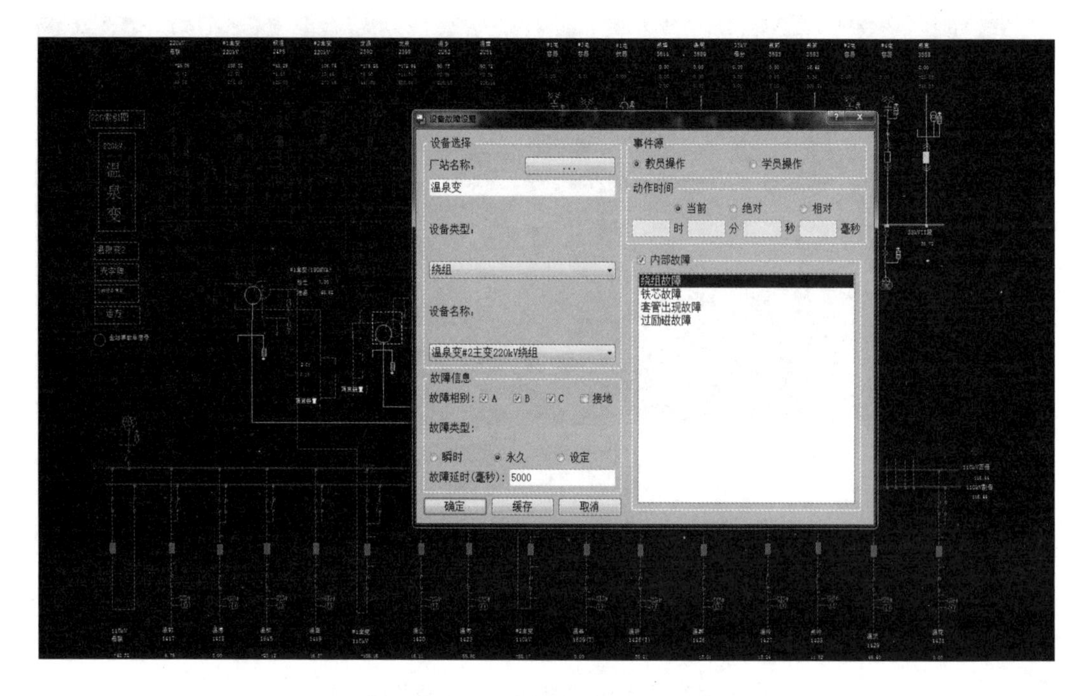

图 16-54　设置主变压器内部故障

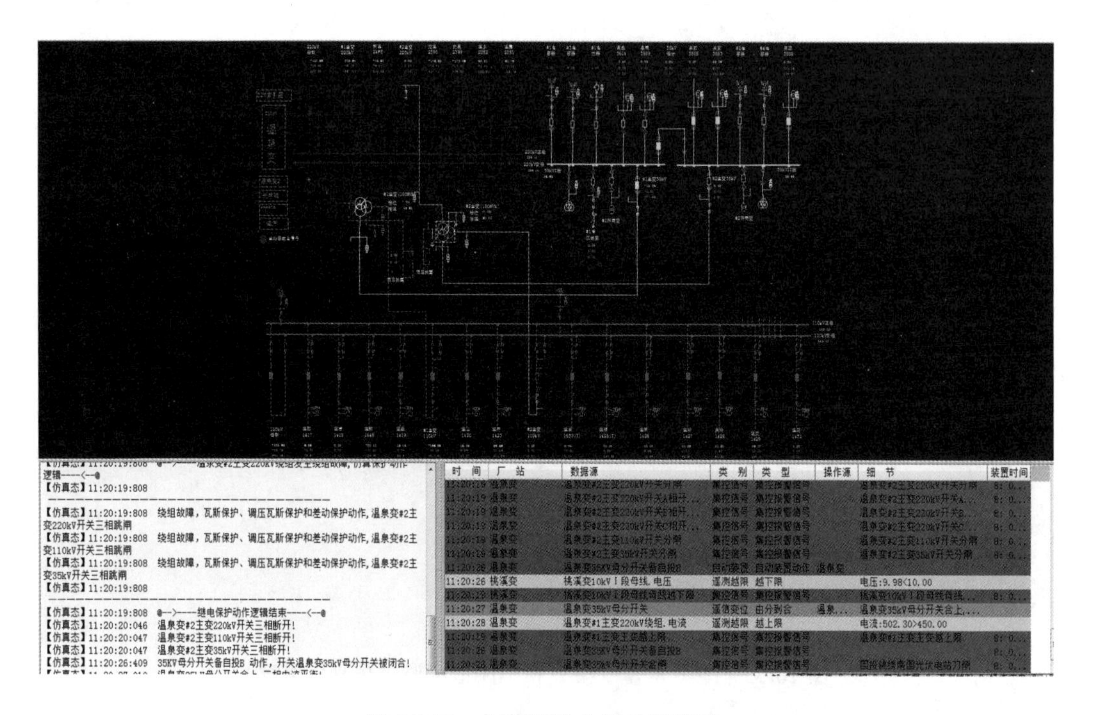

图 16-55　主变压器内部故障信息

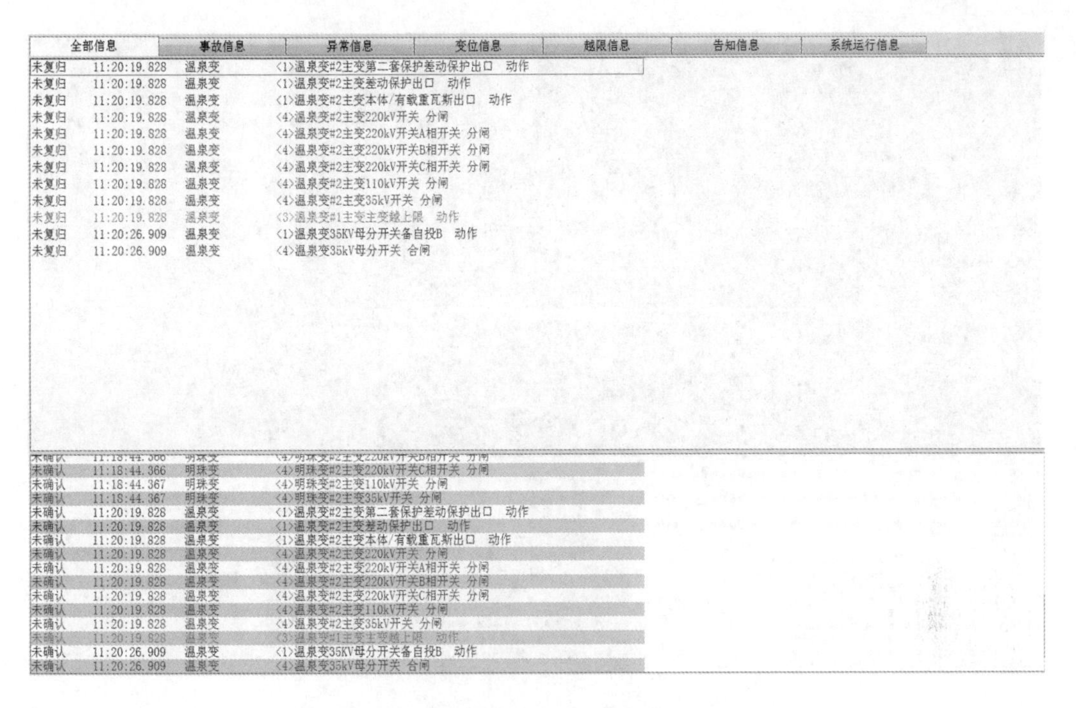

图 16-56 主变压器内部故障监控仿真告警窗

4）母线三相短路故障如图 16-57～图 16-59 所示。

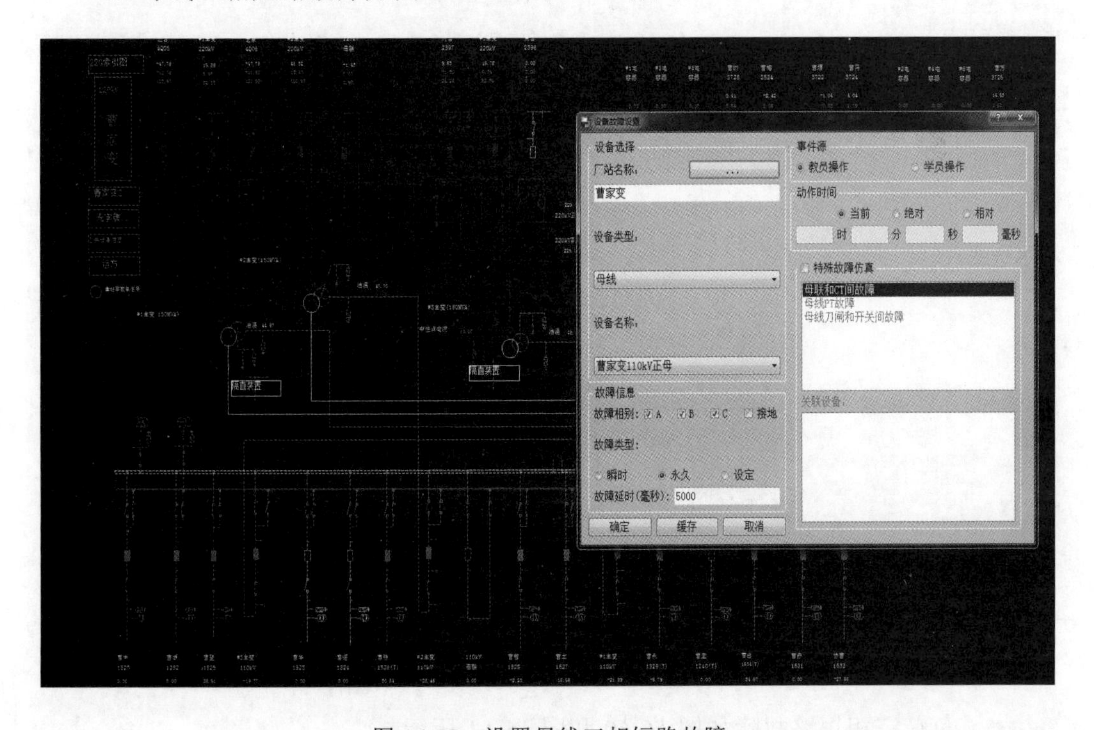

图 16-57 设置母线三相短路故障

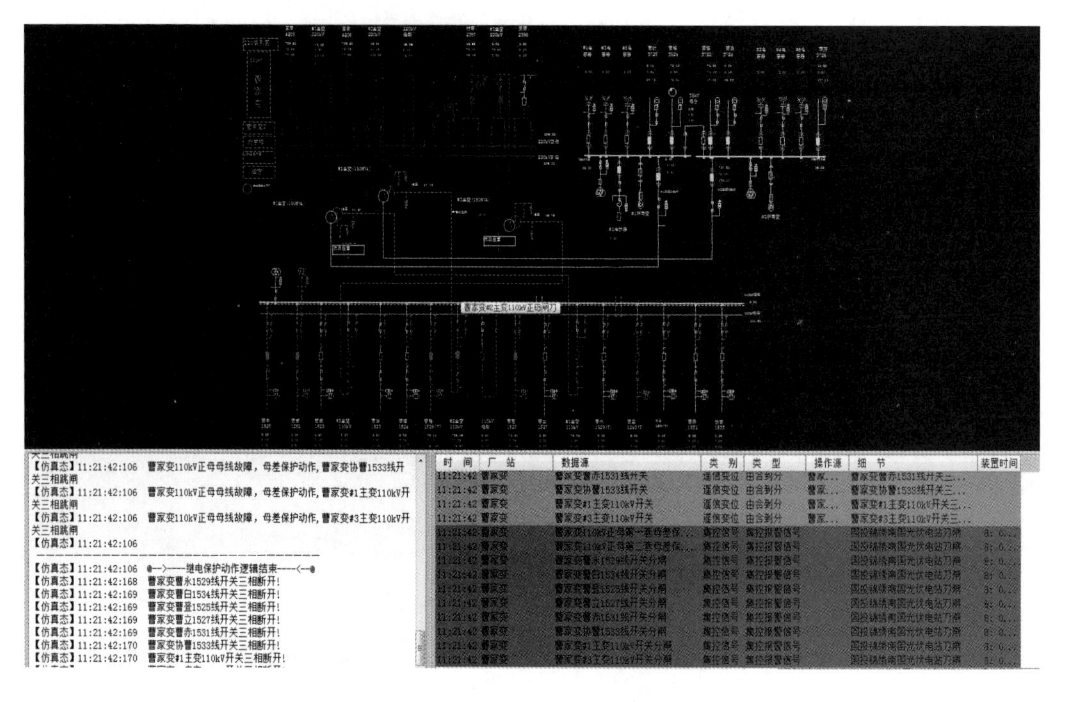

图 16-58 母线三相短路故障信息

全部信息 | 事故信息 | 异常信息 | 变位信息 | 越限信息 | 告知信息 | 系统运行信息

未复归	11:21:42.126	曹家变	<1>曹家变110kV正母第一套母差保护出口 动作
未复归	11:21:42.126	曹家变	<1>曹家变110kV正母第二套母差保护出口 动作
未复归	11:21:42.166	曹家变	<4>曹家变曹永1529线开关 分闸
未复归	11:21:42.166	曹家变	<4>曹家变曹白1534线开关 分闸
未复归	11:21:42.166	曹家变	<4>曹家变曹登1525线开关 分闸
未复归	11:21:42.166	曹家变	<4>曹家变曹立1527线开关 分闸
未复归	11:21:42.166	曹家变	<4>曹家变曹赤1531线开关 分闸
未复归	11:21:42.166	曹家变	<4>曹家变协曹1533线开关 分闸
未复归	11:21:42.166	曹家变	<4>曹家变#1主变110kV开关 分闸
未复归	11:21:42.166	曹家变	<4>曹家变#3主变110kV开关 分闸

未确认	11:20:19.828	温泉变	<4>温泉变#2主变110kV开关 分闸
未确认	11:20:19.828	温泉变	<4>温泉变#2主变35kV开关 分闸
未确认	11:20:19.828	温泉变	<3>温泉变#1主变主变越上限 动作
未确认	11:20:26.909	温泉变	<1>温泉变35KV母分开关备自投B 动作
未确认	11:20:26.909	温泉变	<4>温泉变35kV母分开关 合闸
未确认	11:21:42.126	曹家变	<1>曹家变110kV正母第一套母差保护出口 动作
未确认	11:21:42.126	曹家变	<1>曹家变110kV正母第二套母差保护出口 动作
未确认	11:21:42.166	曹家变	<4>曹家变曹永1529线开关 分闸
未确认	11:21:42.166	曹家变	<4>曹家变曹白1534线开关 分闸
未确认	11:21:42.166	曹家变	<4>曹家变曹登1525线开关 分闸
未确认	11:21:42.166	曹家变	<4>曹家变曹立1527线开关 分闸
未确认	11:21:42.166	曹家变	<4>曹家变曹赤1531线开关 分闸
未确认	11:21:42.166	曹家变	<4>曹家变协曹1533线开关 分闸
未确认	11:21:42.166	曹家变	<4>曹家变#1主变110kV开关 分闸

图 16-59 母线三相短路故障监控仿真告警窗

5）负荷三相短路故障如图 16-60 和图 16-61 所示。

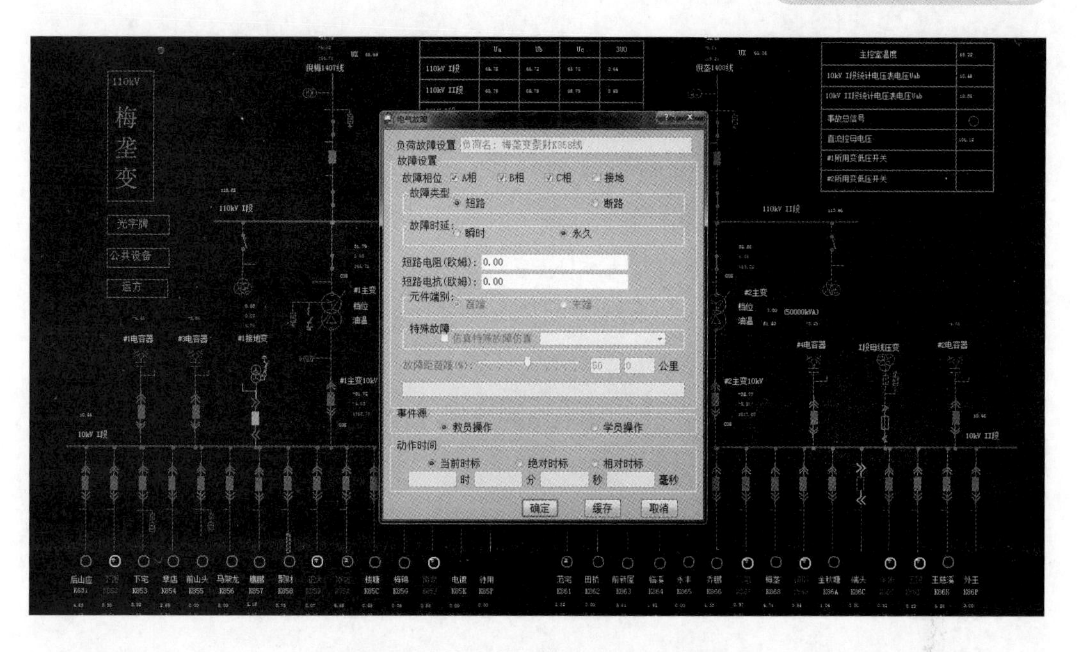

图 16-60　设置负荷三相短路故障

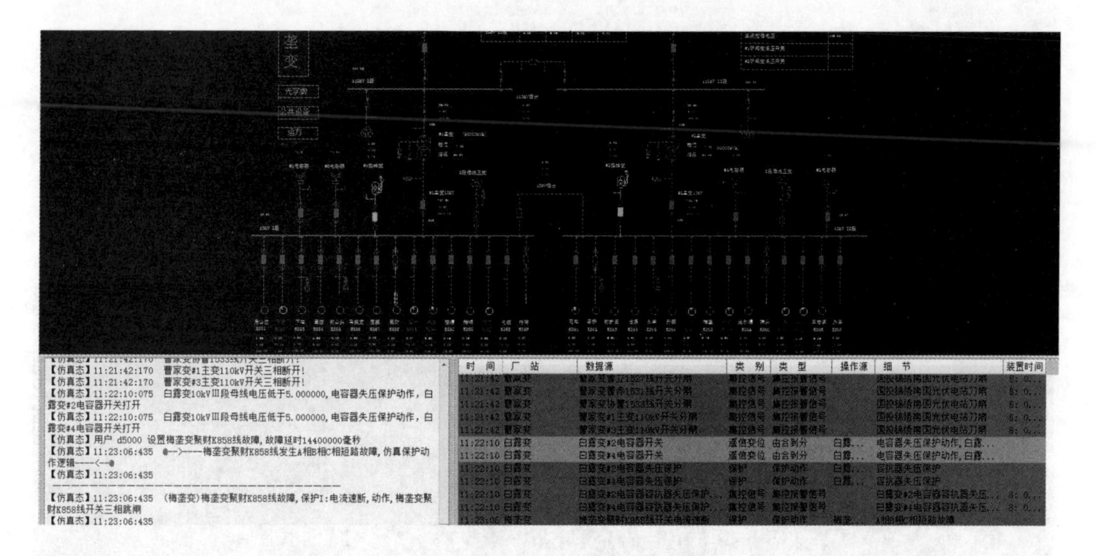

图 16-61　负荷三相短路故障信息

四、监控仿真应用功能

调控一体联合培训仿真系统可实现电网调度、监控、变电横向集成、纵向互联。在监控仿真技术上，系统仿真模拟一、二次设备动作，通过逻辑推理生成监控报警信号，同时特定的监控信号设置后通过推理可以修改电网一、二次设备状态，模拟监控信号出现时的一、二次设备的故障动作行为，例如开关拒动或保护退出等。

仿真监控信号以国家电网公司“500kV 变电站典型信息表”“220kV 变电站典型信息表”的规定进行命名，并以设备名称、厂站信息和所属间隔等关键字为索引，实现监控仿真信号与实际监控点表的智能对照，大大降低仿真系统维护工作量。

在教员台客户端界面上选择任一设备（开关、线路、主变压器、母线、负荷）设置故障，在监控报警窗口中将显示相应信号，如图 16-62 和图 16-63 所示。

未复归 16:31:41.751 丰安变 <1>丰安变仪丰4324线第二套保护出口 动作
未复归 16:31:41.751 丰安变 <1>丰安变220kV仪丰4324线第二套保护A相跳闸出口 动作
未复归 16:31:41.751 丰安变 <1>丰安变220kV仪丰4324线第二套保护B相跳闸出口 动作
未复归 16:31:41.751 丰安变 <1>丰安变220kV仪丰4324线第二套保护C相跳闸出口 动作
未复归 16:31:41.752 丰安变 <1>丰安变仪丰4324线开关第一套保护出口 动作
未复归 16:31:41.752 丰安变 <1>丰安变220kV仪丰4324线第一套保护C相跳闸出口 动作
未复归 16:31:41.752 丰安变 <1>丰安变220kV仪丰4324线第一套保护A相跳闸出口 动作
未复归 16:31:41.752 丰安变 <1>丰安变220kV仪丰4324线第一套保护B相跳闸出口 动作
未复归 16:31:41.772 丰安变 <4>丰安变仪丰4324开关 分闸
未复归 16:31:41.772 丰安变 <4>丰安变仪丰4324开关A相开关 分闸
未复归 16:31:41.772 丰安变 <4>丰安变仪丰4324开关B相开关 分闸
未复归 16:31:41.772 丰安变 <4>丰安变仪丰4324开关C相开关 分闸

未确认 16:31:41.751 丰安变 <1>丰安变仪丰4324线第二套保护出口 动作
未确认 16:31:41.751 丰安变 <1>丰安变220kV仪丰4324线第二套保护A相跳闸出口 动作
未确认 16:31:41.751 丰安变 <1>丰安变220kV仪丰4324线第二套保护B相跳闸出口 动作
未确认 16:31:41.751 丰安变 <1>丰安变220kV仪丰4324线第二套保护C相跳闸出口 动作
未确认 16:31:41.752 丰安变 <1>丰安变仪丰4324线开关第一套保护出口 动作
未确认 16:31:41.752 丰安变 <1>丰安变220kV仪丰4324线第一套保护C相跳闸出口 动作
未确认 16:31:41.752 丰安变 <1>丰安变220kV仪丰4324线第一套保护A相跳闸出口 动作
未确认 16:31:41.752 丰安变 <1>丰安变220kV仪丰4324线第一套保护B相跳闸出口 动作
未确认 16:31:41.772 丰安变 <4>丰安变仪丰4324开关 分闸
未确认 16:31:41.772 丰安变 <4>丰安变仪丰4324开关A相开关 分闸
未确认 16:31:41.772 丰安变 <4>丰安变仪丰4324开关B相开关 分闸
未确认 16:31:41.772 丰安变 <4>丰安变仪丰4324开关C相开关 分闸

图 16-62 监控仿真告警窗

图 16-63 光字牌仿真界面

在教员台客户端界面上选择任一设备（开关、线路、主变压器、母线、负荷），用鼠标右键的“集控信号设置（P）”选中某个间隔的信号，点击“确定”按钮，在监控报警窗口中将显示相应信号，如图 16-64 和图 16-65 所示。

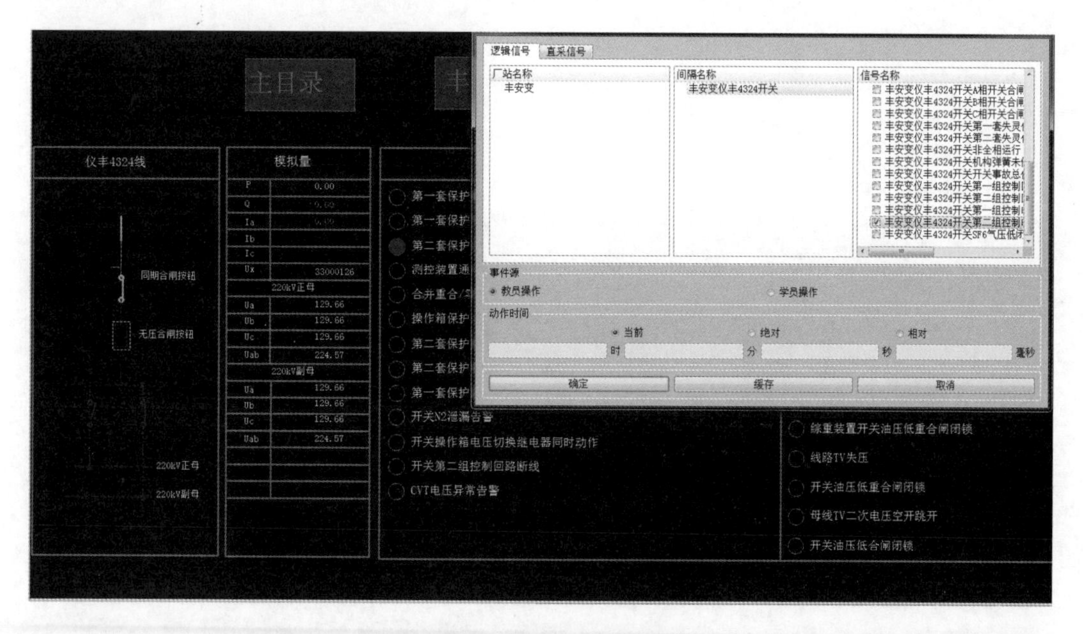

图 16-64　光字牌告警设置

图 16-65　光字牌告警